모기가
궁금해?

모기가 궁금해?

—

펴낸날 | 2017년 9월 25일
지은이 | 신이현

—

펴낸이 | 조영권
만든이 | 노인향
그린이 | 강병호
꾸민이 | 강대현

—

펴낸곳 | 자연과생태
주소_서울 마포구 신수로 25-32, 101(구수동)
전화_02)701-7345~6 팩스_02)701-7347
홈페이지_www.econature.co.kr
등록_제2007-000217호

—

ISBN 978-89-97429-82-0　　03490

모기가 궁금해?

글·사진 **신이현**

자연과생태

머리말

여름철 후덥지근한 열대야만큼이나 우리를 짜증스럽게 하는 불청객은 모기입니다. 대개 우리가 아는 모기는 밤더위와 싸우다가 겨우 잠이 들려 할 때나 더위를 피해 강변이나 공원에 나가 앉았을 때 귓가에서 앵앵거리는 벌레, 피를 빨아 먹으려고 피부를 사정없이 찔러 대는 벌레, 위험한 병원체를 옮겨 고통을 주거나 죽게도 하는 아주 무서운 벌레입니다.

모기는 북극이나 남극처럼 극한 환경을 제외한 지구 곳곳에 삽니다. 즉 사람이 사는 곳이면 어디든 모기가 있습니다. 심지어 깜깜한 정화조처럼 상상을 뛰어넘는 환경에도 적응해 끈질기게 살아남고 번식합니다.

저는 국립보건연구원 질병매개곤충 관련 부서에서 30여 년간 일하며 모기에 관한 다양한 질문을 받았습니다. 예를 들면 모기가 왜 피를 빨아 먹는지, 어떻게 사람을 찾아 공격하는지, 얼마나 오래 사는지, 한 번에 얼마나 많은 피를 빠는지, 지구에 또는 우리나라에 몇 종이나 있는지, 아주 추운 겨울에는 어떻게 지내는지, 모기의 공격을 피할 수 있는 방법은 무엇인지 같은 질문입니다. 이 책에서는 이처럼 누구나 가져 봤을 궁금증 52가지를 추리고 그에 대한 답변을 실었습니다.

모든 내용은 책과 논문, 전문 기관에서 제공하는 자료, 제가 실험에 참여했던 연구 결과를 토대로 정리했지만 아직 논란거리이거나 확증이 부족한 내용이 있을 수도 있습니다. 아울러 모기 연구는 역사가 길기에 그만큼 자료도 많습니다. 이 책에 싣지 않은 중요한 정보 또한 많다는 말씀을 덧붙입니다.

이 책이 모기에 관한 궁금증을 풀고, 모기가 들끓는 이 세상에서 필요한 정보를 얻는 데 조금이나마 도움 되기를 바랍니다. 이와 더불어 더 많은 분이 모기에 관심을 가지고 나아가 연구하는 계기도 될 수 있기를 바랍니다.

2017년 9월

신 이 현

모기란
무엇인가요?

파리목Diptera 모기과Culicidae에 속하는 5~10㎜ 내외 곤충입니다. 모든 파리 무리가 그렇듯 날개는 1쌍(2개)입니다. 미국모기방제협회AMCA와 내셔널지오그래픽에 따르면 우리 주변에 사는 보통 모기는 무게가 2.5㎎ 정도이며, 미국에서 가장 큰 종은 10㎎에 이른다고 합니다.

지금까지 알려진 바로는 수천 종이 있으며 포유류, 조류鳥類, 파충류, 양서류, 어류까지 다양한 동물의 피를 빨아 먹습니다. 일부 종은 다른 절지동물도 공격합니다. 대부분 암컷이 관처럼 생긴 주둥이로 동물 피부를 뚫어 피를 빨아 먹습니다.

　　모기 한 마리가 빨아 먹는 피의 양은 많지 않아 크게 걱정할 필요는
없지만 몸속으로 들어오는 모기 침(타액)은 종종 심각한 발진을 일으킵
니다. 또한 몇몇 종류는 질병 매개체입니다. 피를 빨면서 동물과 동물,
동물과 사람, 사람과 사람으로 병원체를 전달해 말라리아, 황열, 치쿤구
니야열, 웨스트나일열, 뎅기열, 사상충증, 지카바이러스감염증처럼 위
험한 전염병을 퍼트립니다. 그래서 세상에서 사람 생명을 가장 많이 앗
아 가는 동물로 꼽힙니다.

사람을 가장 많이 죽이는 동물

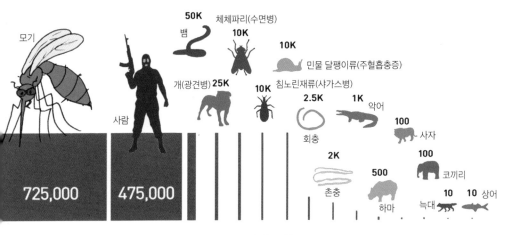

참조:「The World's Deadliest Animals」KeebleCare, 2014년 4월 30일

가장 오래된 모기 기록은 4,600만 년 전인 시신세(에오세, Eocene) 곤충 화석입니다. 쿨리세타 레므니스카타*Culiseta lemniscata*와 쿨리세타 키쉐네혼*Culiseta kishenehn*으로 이름 붙인 화석 2종을 보면 지금 모기와 거의 차이가 없습니다.

　　한편, 모기라고 단정할 수는 없으나 해부학적으로 지금 모기와 비슷한 곤충 호박이 캐나다에서 발견되었습니다. 이는 7,900만 년 전 것입니다. 그리고 미얀마에서도 9,000만 년에서 1억 년 전 사이에 생긴 곤충 호박이 발견되었고 여기에서 모기의 원시적 특징을 찾을 수 있습니다.

　　화석과 관련 연구를 바탕으로 모기는 약 1억 7,000만 년 전인 쥐라기 후기에 현재 남아메리카 대륙에서 처음 나타난 것으로 보며, 당시 모기는 지금 모기보다 3배 정도 컸던 것으로 봅니다.

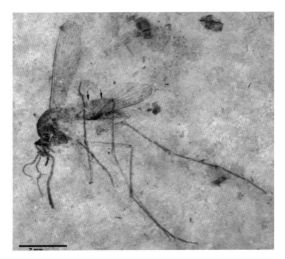

쿨리세타 레므니스카타(*Culiseta lemniscata*) 암컷 화석

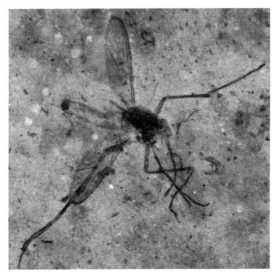

쿨리세타 키쉐네흔(*Culiseta kishenehn*) 암컷 화석

Ralph E. Harbach & Dale Greenwalt © 2012

모기 종류는
얼마나 되나요?

전 세계에 3,500여 종이 있습니다. 그러나 분자생물학 방법으로 꾸준히 조사한다면 6,000종 이상은 될 듯합니다. 참고로 중국에는 390여 종, 일본에는 120여 종이 삽니다.

우리나라에서는 56종이 보고되었습니다. 다만 이 중 열대집모기는 서식 근거 자료가 부족하고 첫 기록 이후 추가로 확인되지 않으며 주로 열대, 아열대 지역에 국한해 분포한다는 점을 고려할 때 우리나라에는 살지 않는 것으로 보입니다. 이 외에 갈빛숲모기를 포함한 몇 종도 분자생물학 방법으로 분류학, 생태학 측면에서 재검토할 필요가 있습니다.

어때요, 생각보다 모기 종류가 많지요?

우리나라에 사는 모기

*종 목록과 학명은 최근 환경부에서 정리한 자료를 참고했습니다.

Subfamily Anophelinae (얼룩날개모기아과)

(1) *Anopheles (Anopheles) belenrae* Rueda, 2005 벨렌얼룩날개모기

(2) *Anopheles (Anopheles) kleini* Rueda, 2005 클라인얼룩날개모기

(3) *Anopheles (Anopheles) koreicus* Yamada et Watanabe, 1918 한국얼룩날개모기

(4) *Anopheles (Anopheles) lesteri* Baisas and Hu, 1936 레스터얼룩날개모기

(5) *Anopheles (Anopheles) lindesayi japonicus* Yamada, 1918 일본얼룩날개모기

(6) *Anopheles (Anopheles) pullus* M. Yamada, 1937 잿빛얼룩날개모기

(7) *Anopheles (Anopheles) sinensis* Wiedemann, 1828 중국얼룩날개모기

(8) *Anopheles (Anopheles) sineroides* Yamada, 1924 가중국얼룩날개모기

Subfamily Culicinae (보통모기아과)

(9) *Aedes (Aedes) esoensis* Yamada, 1921 에조숲모기

(10) *Aedimorphus alboscutellatus* (Theobald, 1905) 흰뒷등숲모기

(11) *Aedimorphus vexans vexans* (Meigen, 1830) 갈빛숲모기

(12) *Aedimorphus vexans nipponii* (Theobald, 1907) 금빛숲모기

(13) *Armigeres (Armigeres) subalbatus* (Coquillett, 1898) 큰검정들모기

(14) *Bruceharrisonius alektorovi* (Stackelberg, 1943) 알렉토숲모기

(15) *Collessius (Collessius) hatorii* (Yamada, 1921) 하토리숲모기

(16) *Downsiomyia nipponica* (LaCasse & Yamaguti, 1948) 흰어깨모기

(17) *Aedes (Edwardsaedes) bekkui* (Mogi, 1977) 베꾸숲모기

(18) *Heizmania (Heizmania) lii* Wu, 1936 리곱추모기

(19) *Hopkinsius* (*Hopkinsius*) *seoulensis* (Yamada, 1921) 서울숲모기

(20) *Hulecoeteomyia japonica* (Theobald, 1901) 일본숲모기

(21) *Hulecoeteomyia koreica* (Edwards, 1917) 한국숲모기

(22) *Neomelaniconion lineatopenne* (Ludlow, 1905) 금빛어깨숲모기

(23) *Ochlerotatus dorsalis* (Meigen, 1830) 등줄숲모기

(24) *Ochlerotatus* (*Finleya*) *oreophilus* Edwards, 1916 산숲모기

(25) *Stegomyia albopicta* (Skuse, 1895) 흰줄숲모기

(26) *Stegomyia chemulpoensis* (Yamada, 1921) 제물포숲모기

(27) *Stegomyia flavopicta* (Yamada, 1921) 노랑줄숲모기

(28) *Stegpmyia galloisi* (Yamada, 1921) 세등줄숲모기

(29) *Tanakaius togoi* (Theobald, 1907) 토고숲모기

(30) *Culex* (*Barraudius*) *inatomii* Kamimura et Wada, 1968 이나도미집모기

(31) *Culex* (*Culex*) *jacksoni* Edwards, 1934 잭손집모기

(32) *Culex* (*Culex*) *mimeticus* Neo, 1899 미메티쿠스집모기

(33) *Culex* (*Culex*) *orientalis* Edwards, 1921 동양집모기

(34) *Culex* (*Culex*) *pipiens molestus* (Forskal, 1775) 지하집모기

(35) *Culex* (*Culex*) *pipiens pallens* Coquillett, 1898 빨간집모기

(36) *Culex* (*Culex*) *pseudovishinui* Colless, 1957 가별셋집모기

(37) *Culex* (*Culex*) *quinquefasciatus* Say, 1823 열대집모기

(38) *Culex* (*Culex*) *sitiens* Wiedemann, 1828 별넷집모기

(39) *Culex* (*Culex*) *tritaeniorhynchus* Giles, 1901 작은빨간집모기

(40) *Culex* (*Culex*) *vagans* Wiedemann, 1828 줄다리집모기

(41) *Culex* (*Culex*) *whitmorei* (Giles, 1904) 흰등집모기

(42) *Culex* (*Culiciomyia*) *kyotoensis* Yamaguti et lacasse, 1952 경도집모기

(43) *Culex* (*Culiciomyia*) *sasai* Kano, Nitagaw et Awaya, 1954 사사집모기

(44) *Culex* (*Eumelanomyia*) *hayashii* Yamada, 1917 작은검정집모기

(45) *Culex* (*Lophoceraomyia*) *infantulus* Edwards, 1922 제주집모기

(46) *Culex* (*Neoculex*) *rubensis* Sasa et Takahashi, 1948 에조집모기

(47) *Culex* (*Oculeomyia*) *bitaenorhynchus* Giles, 1901 반점날개집모기

(48) *Culex* (*Oculeomyia*) *sinensis* Theobald, 1903 세점박이집모기

(49) *Lutzia* (*Metalutzia*) *fuscana* Wiedemann, 1820 황색꼬리집모기

(50) *Lutzia* (*Metalutzia*) *vorax* Edwards, 1921 식충집모기

(51) *Culiseta* (*Culiseta*) *bergrothi* (Edwards, 1921) 빙서털날개모기

(52) *Culiseta* (*Culicella*) *nipponica* Lacasse et Yamaguti, 1950 일본털날개모기

(53) *Coquillettidia* (*Coquillettidia*) *ochracea* (Theobald, 1903) 노랑늪모기

(54) *Mansonia* (*Mansonoides*) *uniformis* (Theobald, 1901) 반점날개늪모기

(55) *Tripteroides* (*Tripteroides*) *bambusa* (Yamada, 1917) 긴얼룩다리모기

(56) *Toxorhynchites* (*Toxorhynchites*) *christophi* (Portachinsky, 1884) 광능왕모기

우리가 꼭 알아야 하는 모기는?

모기는 크기가 수 밀리미터에 지나지 않기 때문에 맨눈으로 종을 구별하기가 어렵습니다. 종을 정확하게 구별하려면 현미경으로 관찰하고 분류동정표를 따라가며 검색해야 하는데 연구자가 아닌 이상 이렇게 하기는 쉽지 않습니다. 하지만 주변에서 흔히 보거나 전염병을 퍼트리는 종은 생김새 특징과 간략한 생태 정보를 알아 두는 것이 좋습니다. 여기에서는 그중 빨간집모기, 흰줄숲모기, 작은빨간집모기, 중국얼룩날개모기를 소개합니다.

빨간집모기는 여름밤 우리를 가장 귀찮게 하는 종입니다. 몸 색깔이 대개 누렇고 배에 가로로 흰무늬가 있습니다. 주로 도시에 있는 각종 시설물과 용기의 고인 물에 알을 낳습니다.

흰줄숲모기는 치쿤구니야열, 뎅기열, 지카바이러스감염증을 옮기며 제법 유명세를 탄 종입니다. 몸 전체가 검으며 머리, 가슴, 배, 다리에 흰무늬가 있습니다. 흰줄숲모기와 생김새가 비슷한 종류도 있지만 주변 숲에서 가장 흔히 보이는 것은 이 종입니다. 어른벌레가 사는 곳에 있는 나무 구멍이나 빈 깡통, 플라스틱 용기의 고인 물에 알을 낳습니다.

작은빨간집모기는 농촌에서 많이 발생하며 일본뇌염을 옮깁니다. 도시에 사는 빨간집모기와 생김새가 비슷하지만 그에 비해 조금 작고 몸색깔도 더 어두운 갈색입니다. 가장 두드러진 특징으로 주둥이 가운데에 뚜렷한 흰무늬가 있습니다. 주로 논, 미나리밭, 연근밭, 웅덩이, 연못, 물이 고여 있거나 느리게 흐르는 수로에 알을 낳습니다.

중국얼룩날개모기는 말라리아를 옮깁니다. 이름에서도 알 수 있듯이 날개에 얼룩무늬가 있습니다. 다른 종에 비해 촉수라는 감각기관이 주둥이만큼 길게 나와 주둥이가 굵어 보입니다. 이는 얼룩날개모기류의 특징입니다. 작은빨간집모기와 거의 같은 곳에 알을 낳습니다.

빨간집모기 암컷

흰줄숲모기 암컷

작은빨간집모기 암컷

중국얼룩날개모기 암컷

한살이가 궁금합니다

모기는 알-애벌레-번데기-어른벌레 시기를 거치며 완전탈바꿈하는 곤충입니다. 대개 물속이나 물 근처에 알은 낳으며, 24~48시간 사이에 부화하고 애벌레는 약 10일 안에 5㎜ 정도로 자랍니다. 애벌레는 호흡관* 끝을 물 표면으로 내밀고 숨 쉬며 물속에서 거꾸로 매달린 채 먹이를 먹습니

*호흡관, 호흡각: 호흡관은 모기 애벌레의 몸 끝에 있는 대롱모양 호흡기관이고, 호흡각은 번데기 두흉부 위쪽에 있는 호흡기관이다. 둘 다 끝에 기문이 열려 있어 물 표면에 기문을 대고 호흡할 수 있다. 기문이 열린 곳은 표면장력이 작용하므로 애벌레와 번데기가 물에서 거꾸로 뜰 수 있다.

다. 애벌레는 4번 허물을 벗고서 번데기가 되며 번데기 역시 애벌레처럼 호흡각* 끝을 물 표면으로 내밀고서 떠 있습니다. 대개 다른 곤충 번데기는 움직이지 않지만 모기 번데기는 물속에서 빠르게 움직입니다. 2~3일이 지나면 번데기는 물 표면에서 껍질을 벗으며 날개돋이합니다. 이때 어른벌레는 물 표면에 서서 날개를 말리고 뱃속의 액체를 배출하며 날아갈 준비를 합니다.

애벌레와 번데기는 물 없이 살 수 없습니다. 만일 어른벌레가 되기 전에 사는 곳의 물이 마르면 모두 죽고 맙니다. 어른벌레는 대개 거미, 잠

자리, 개구리, 박쥐, 새 등에게 잡아먹혀 죽고 태풍, 홍수, 가뭄 등 날씨 영향을 받아서도 죽습니다.

한살이 기간은 종과 온도나 습도 같은 주변 환경 조건에 따라 다르지만 우리나라 여름철 같은 조건이라면 알을 낳고 이 알에서 나온 애벌레가 짝짓기를 하고 피를 빨 수 있는 어른벌레가 될 때까지 20일 정도가 걸리며, 이 어른벌레가 3번 정도 알을 낳고서 죽는다고 하면 30일쯤 사는 것으로 볼 수 있습니다. 그러나 겨울나기에 들어가 전혀 움직이지 않고 지낸다면 5~6개월 동안 수명을 유지할 수도 있습니다.

참고로 여기서 한살이는 알을 낳는 암컷 기준이며 알을 낳지 않는 수컷은 짝짓기를 하고 며칠 뒤에 죽습니다.

모기 한살이

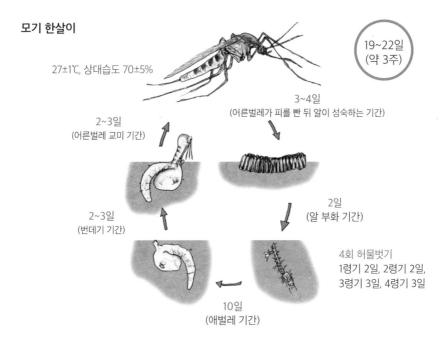

19~22일
(약 3주)

27±1℃, 상대습도 70±5%

3~4일
(어른벌레가 피를 빤 뒤 알이 성숙하는 기간)

2~3일
(어른벌레 교미 기간)

2일
(알 부화 기간)

2~3일
(번데기 기간)

4회 허물벗기
1령기 2일, 2령기 2일,
3령기 3일, 4령기 3일

10일
(애벌레 기간)

주로 어디에
사나요?

알, 애벌레, 번데기 시기에는 물에 삽니다. 모기가 물 주변에서 자주 보이는 것은 한살이 대부분을 물에서 보내기 때문입니다. 어른벌레가 되면 날개가 생기므로 피를 빨기 적합한 곳이라면 어디든 날아가 삽니다. 지역으로 보면 열대 지방과 온대 지방은 물론 극지 부근까지 분포합니다. 또한 지하 터널, 깊은 동굴, 해발 4,000m 높이에서도 삽니다.

모기가 사는 곳

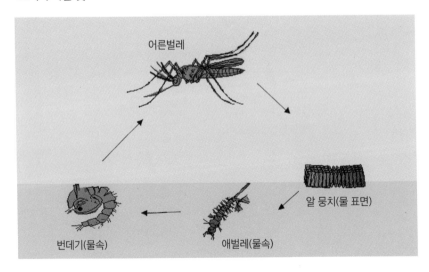

어른벌레

알 뭉치(물 표면)

번데기(물속)　　　애벌레(물속)

바다에서도
살 수 있나요? 99

바다에서 모기가 발견된 적은 없습니다. 알-애벌레-번데기 시기를 물에서 보내긴 하지만 흐르는 물에서는 살지 못합니다. 모기 애벌레인 장구벌레는 민물에서도 주로 흐르지 않거나 고인 물에서만 삽니다. 또한 높은 염도도 모기가 바다에 살지 못하는 이유 중 하나입니다. 바닷물 염도는 백분율로 환산하면 평균 3.5% 정도입니다.

토고숲모기 암컷

모기 중에서 바다에 가장 가까이 사는 종은 토고숲모기입니다. 토고숲모기는 내륙에서는 살지 않으며 주로 바닷가의 물 고인 바위 웅덩이, 빈 깡통, 항아리, 플라스틱 통 등에 알을 낳고 삽니다. 한 실험 결과 토고숲모기 애벌레는 바닷물보다 높은 염도인 4.0%에서도 살아남았습니다. 아마 실제 바다에서는 물 흐름 때문에 생존하지 못하겠지만 바닷물을 떠 담아서 기른다면 살아남을 것입니다.

토고숲모기 발생 환경

토고숲모기 애벌레 발생 장소

『『
겨울을
어떻게 나나요?』』

모기는 변온동물이어서 13℃(혹은 10℃) 이하에서는 피를 빨지 않습니다. 밤낮의 길이, 온도, 습도, 산도(pH), 먹이 질의 변화를 감지해 겨울이 오는 것을 압니다. 대개 어른벌레나 알로 겨울을 나지만 드물게 애벌레나 번데기로 겨울을 나는 종도 있습니다.

도심에서 우리를 가장 많이 괴롭히는 빨간집모기는 하수구, 동굴 같은 지하 공간에서, 일본뇌염을 일으키는 작은빨간집모기, 말라리아를 일으키는 중국얼룩날개모기는 들판이나 깊은 수풀에서 어른벌레로 움직이지 않은 채 힘겹게 겨울을 납니다. 얼룩날개모기류는 대개 이렇지만 예외로 일본얼룩날개모기는 유속이 느린 배수로와 산간 계류 가장자리에서 애벌레로 겨울을 납니다. 주변에서 가장 흔히 볼 수 있는 흰줄숲모기를 비롯한 숲모기류 대부분은 나무 구멍, 계곡의 물 고인 바위, 산이나 숲에 버려진 깡통이나 물이 고인 그릇에서 알로 겨울을 납니다.

바닷가 바위에 고인 물에서 주로 살아가는 토고숲모기는 원래 알로 겨울을 나지만 놀랍게도 얼음 밑에서 애벌레나 번데기로 겨울을 나기도 합니다. 대개 어른벌레로 겨울을 나는 종은 여름에 애벌레가 나오는 장

중국얼룩날개모기와 작은빨간집모기가
겨울을 나는 풀숲

흰줄숲모기가 겨울을 나는 폐타이어

숲모기류가 겨울을 나는 나무 구멍

26

소에서 약간 떨어진 곳에서 겨울을 나지만 숲모기류는 애벌레가 나오는 장소와 같은 곳에서 알을 낳고 겨울을 납니다.

모기가 얼지 않고 겨울을 날 수 있는 것은 얼음 결정을 만들어 내는 얼음응집제ice-nucleating agent, INA 덕분입니다. 이런 물질이 모기의 세포 외 기관이 안전하게 얼어붙도록 하면 점차 세포 내용물에서 물이 빠지고 결국 세포는 얼지 않게 됩니다. 이어 모기 몸속에 글리세롤과 지방체가 생기며 이는 몸을 액체 상태로 유지해 몸이 얼어붙어 조직과 세포가 손상되는 것을 방지합니다. 또한 항동결단백질도 생깁니다. 이 단백질은 한겨울이 아닌 쌀쌀한 가을이나 봄에 몸이 얼어붙는 것을 방지합니다.

하지만 집모기류와 얼룩날개모기류처럼 어른벌레로 겨울을 나는 종의 경우, 수컷은 겨울을 넘기지 못하고 죽고 암컷만 살아남습니다. 겨울이 오기 전에 거의 모든 개체는 짝짓기를 끝내지만 바로 알을 낳지는 않습니다. 암컷은 겨우내 몸속에 있는 수정낭에 정자를 저장하고 이듬해 봄에 다시 피를 빨면서 이 정자로 수정해 알을 낳습니다. 숲모기류는 알, 애벌레, 번데기로 겨울을 나기 때문에 봄이 오면 암컷과 수컷이 거의 동시에 발생합니다.

모기가 살기 좋은
온도는? 99

　　보통 모기가 좋아하는 온도라 하면 어른벌레가 피를 빨고 알을 낳
으며, 그 애벌레가 잘 자라서 어른벌레가 되기에 적당한 온도를 가리킵
니다. 다시 말해 모기 수가 가장 많은 시기의 온도가 곧 모기가 가장 좋
아하는 온도일 테지요.

　　우리나라를 예로 들면 금빛숲모기와 줄다리집모기처럼 초여름에 가
장 많이 나타나는 종류도 있으나 대개는 개체수가 6월 중순부터 점차
많아지다 7~8월에 정점에 이르고 이후 서서히 줄어듭니다. 지난 30년간
(1981~2010년) 서울의 7~8월 평균기온은 각각 24.9℃(최고 28.6, 최저 21.9)
와 25.7℃(최고 29.6, 최저 22.4)입니다. 이 무렵에 모기가 가장 많이 발생
하므로 이 기온이 우리나라 모기가 살아가는 데 가장 적합한 온도라고
할 수 있습니다. 참고로 이는 어른벌레를 기준으로 할 때입니다. 모기는
알-애벌레-번데기-어른벌레 시기를 거치며 자라기에 각 단계별로 살기
적합한 온도는 다릅니다.

한편 온도가 모기 생존에 미치는 영향을 알아본 연구도 있습니다 Mourya 등, 2004. 황열, 뎅기열, 치쿤구니야열, 지카바이러스감염증을 옮기는 이집트숲모기Aedes aegypti의 3~4령 애벌레를 10분간 특정 온도에 드러나도록 했더니 42℃에서는 죽지 않았으나 43℃에서는 약 8%, 44℃와 45℃에서 90%, 46℃에서 100%가 죽는다는 결과가 나왔습니다.

66 알은
얼마나 낳나요? 99

　　모기가 한 번에 낳는 알 개수는 종과 사는 환경 조건에 따라 크게
차이가 납니다. 어떤 종은 300개를 낳기도 하고 어떤 종은 20개밖에 낳
지 못하기도 합니다. 또한 같은 종이더라도 피를 먹은 양이나 나이 같은
여러 요인에 따라 달라집니다. 다만 보통 처음 알을 낳을 때 가장 많이
낳고 그 수는 산란을 거듭할수록 줄어듭니다.

　　모기가 한 번에 낳을 수 있는 알 개수를 연구한 결과를 보면 도시에서
가장 흔한 빨간집모기는 평균 175개(최소 134개, 최대 220개), 도심 정화조
에서 피를 빨지 않고 알을 낳는 지하집모기는 48개(최소 32개, 최대 59개),
바닷가에 살며 물 고인 바위에 주로 알을 낳는 토고숲모기는 134개(최소
55개, 최대 202개)입니다.

　　말라리아를 옮기는 중국얼룩날개모기는 조사에 따라 결과가 조금 다
릅니다. 한 조사에서는 평균 218개(최소 64개, 최대 390개), 다른 조사에서는
157개(최소 137, 최대 175)로 나왔습니다. 같은 얼룩날개모기류인 클라인얼
룩날개모기는 알을 평균 146개(최소 135, 최대 158) 낳는다고 합니다.

모기가 평생 알을 낳는 횟수는 3번 정도로 알려지지만 이 역시 모기의 영양 상태나 환경 조건에 따라 달라질 수 있습니다. 2002년에 중국얼룩날개모기 사육 실험을 한 적이 있는데 그때는 대부분이 3~4번 알을 낳고 죽었습니다. 하지만 제가 겨울나기에 들어간 중국얼룩날개모기를 잡아 사육실 안에서 관찰한 결과, 최대 8번까지 알을 낳는 개체도 있었습니다.

" 알은
어디에서 낳나요? "

물 위에 알을 낳는 종류와 물가에 알을 낳는 종류가 있습니다. 그리고 물 위에 알을 낳는 경우 덩어리로 낳는 종류와 낱개로 낳는 종류가 있습니다.

일본뇌염을 옮기는 작은빨간집모기를 포함한 모든 집모기류는 물 위에 덩어리로 알을 낳습니다. 알에 점착 물질이 있기에 하나씩 차례대로 붙여 세웁니다. 다 쌓인 알 덩어리는 배 모양으로 물에 뜹니다. 말라리아를 옮기는 얼룩날개모기류도 물 위에 알을 낳지만 집모기류와 달리 그냥 물 위에 흩뿌립니다. 그러나 표면장력과 유선형인 알 때문에 자연스레 일정한 형태를 이룹니다.

뎅기열을 옮기는 흰줄숲모기를 비롯한 숲모기류는 물가에 낱개로 알을 낳고 드물게는 물속에서도 알이 발견됩니다. 물 위에 낳은 알은 건조한 환경에 취약해 물이 없으면 죽지만 물가에 낳은 알은 물이 없는 환경에서도 수개월까지 살 수 있습니다.

반점날개집모기 알

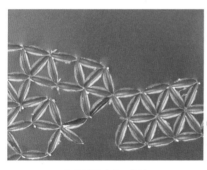

중국얼룩날개모기 알

흰줄숲모기 알

장구벌레는
무엇을 먹고 사나요?

　　모기 애벌레인 장구벌레는 알에서 나오자마자 먹기 시작합니다. 처음에는 너무 작기에 거의 움직이지 않은 채 알 속에 있는 난황을 먹고 조금 자라면 물속에 있는 유기물을 먹습니다. 사는 환경에 상관없이 거의 모든 장구벌레는 잡식성이며 미세 유기물, 생물 사체 조각, 세포와 여러 생성물로 이루어진 생물막에서 성장에 필요한 단백질, 비타민, 핵산, 콜레스테롤 등을 얻습니다. 한편 식충집모기, 황색꼬리집모기, 광릉왕모기 같은 종은 다른 종 장구벌레나 물속곤충, 심지어 올챙이를 잡아먹기도 합니다.

　　보통 모기류 애벌레는 특수하게 발달한 입으로 물속이나 바닥에 있는 먹이를 거르거나 긁어서 먹습니다. 그러나 얼룩날개모기류 장구벌레는 늘 물 표면에 수평으로 붙어 있으면서 물 표면에 녹은 먹이를 모아서 먹습니다. 참고로 번데기 시기에는 아무 것도 먹지 않습니다.

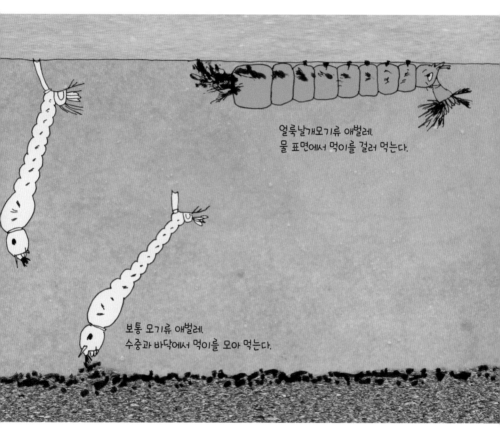

얼룩날개모기류 애벌레.
물 표면에서 먹이를 걸러 먹는다.

보통 모기류 애벌레.
수중과 바닥에서 먹이를 모아 먹는다.

보통 모기류 애벌레와 얼룩날개모기류 애벌레(오른쪽 위)가 먹이 먹는 모습

“암컷과 수컷을
어떻게 구별하나요? ”

알, 애벌레에서는 차이가 나지 않습니다. 번데기와 어른벌레에서
부터 생김새가 달라지지만 번데기의 차이는 맨눈으로 알 수 없고 어른
벌레에서만 분명하게 암수의 생김새 차이를 확인할 수 있습니다.

모든 모기에서 나타나는 암수의 차이점은 더듬이입니다. 더듬이마디
를 두른 털이 암컷은 짧고 수컷은 깁니다. 또 다른 차이점으로 배와 주
둥이를 들 수 있습니다. 암컷은 수컷과 달리 피를 빨아야 하기에 주둥이
가 더 발달했고 알을 생산할 수 있도록 배도 더 통통합니다. 반면 수컷
배는 홀쭉합니다.

감각기관인 촉수의 길이가 암컷은 아주 짧고 수컷은 주둥이만큼 길
며, 여기에 털이 많습니다(예외로 말라리아를 옮기는 학질모기류 암컷의 촉수는
주둥이만큼 깁니다). 배 끝에 있는 생식기 모양도 서로 다릅니다.

빨간집모기 암컷

빨간집모기 수컷

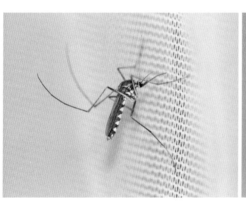

큰검정들모기 암컷

큰검정들모기 수컷

모기와 비슷하게 생긴
곤충이 있나요?

　　모기와 생김새가 비슷해 혼동하기 쉬운 대표 곤충으로 각다귀와 깔따구가 있습니다. 특히 각다귀는 덩치가 커서 '왕모기'라고 하며 겁을 내는 사람도 있는데 그럴 필요가 없습니다. 각다귀와 깔따구는 모기처럼 사람 피를 빨지 않기 때문입니다.

　　얼핏 보면 각다귀와 깔따구는 모기와 비슷하지만 자세히 보면 다른 부분이 많습니다. 모기는 피를 빠는 주둥이가 있고 온몸이 작은 인편으로 덮여 있으나 각다귀와 깔따구는 주둥이가 퇴화해 없고 몸에 인편도 없습니다. 그리고 맨눈으로 볼 수는 없으나 날개맥도 서로 다릅니다.

모기

각다귀

깔따구

천적이 있나요?

    모기는 사람, 가축 같은 포유류를 비롯해 조류鳥類, 양서류, 파충류에 이르기까지 다양한 동물의 피를 뽑니다. 반대로 모기를 먹잇감으로 삼는 동물도 있습니다. 새, 거미, 잠자리 등은 모기 어른벌레를 잡아먹고, 송사리, 왜몰개를 비롯한 여러 물고기, 플라나리아, 히드라, 잠자리 애벌레 등은 장구벌레를 잡아먹습니다. 이 외에 선충, 원충, 곰팡이, 세균, 바이러스 중에도 모기 천적이 있습니다.

    모기 천적을 모기 방제에 이용하기도 합니다. 미국에서는 모기물고기 mosquitofish라고 불리는 종Gambusia affinis을, 우리나라에서는 미꾸라지를 이용합니다. 국내 실험(Lee, 2000) 결과, 미꾸라지 한 마리가 하루에 장구벌레 1,100마리 이상을 잡아먹었습니다.

"앵앵거리는 소리는
어디서 나나요? "

　　몸속에 발음기관이 있어 마찰이나 진동으로 소리를 내는 매미, 귀
뚜라미, 여치와 달리 모기는 소리를 내는 기관이 없습니다. 날개를 빠르
게 움직일 때 공기와 마찰하며 소리가 날 뿐입니다. 선풍기 날개가 빠르
게 돌면서 소리가 나는 이치와 같습니다.

하지만 모기의 날갯짓 소리도 짝을 찾는 방편으로 쓰입니다. 이 점에서는 매미, 귀뚜라미, 여치 소리와 같은 기능을 합니다. 사람의 청각으로는 절대 구별할 수 없지만 모기는 같은 종의 날갯짓 소리를 인식할 수 있습니다. 예를 들면 집모기류는 수컷들이 무리 지어 춤을 추면 암컷이 그 무리 속으로 들어가 날갯짓 소리로 같은 종을 찾아 짝짓기합니다.

시중에는 모기 날갯짓의 파장을 이용한 모기 퇴치기도 있습니다. 평생 한 번만 짝짓기하는 모기 습성에서 고안한 제품입니다. 즉 한 번 짝짓기한 암컷은 수컷에게 다가갈 필요가 없기에 수컷의 날갯짓 소리가 나는 제품을 곁에 두면 피를 빠는 암컷 모기가 오지 않을 것이라는 원리입니다. 그러나 이런 제품 중에는 피를 빨고자 하는 암컷의 흡혈 욕구를 뛰어넘는 것이 거의 없어 모기를 쫓는 효과는 크지 않습니다.

" 날갯짓을 얼마나 많이 하나요? "

모기는 1초에 최대 1,000회 날갯짓(아래위로 한 번 움직임)하며 그 범위는 165~1,000회에 이릅니다(『World Book』). 이집트숲모기 *Aedes aegypti* 암컷은 1초에 최대 약 600회 날갯짓하며 Wishart & Riordan, 1959, 빨간집모기 암컷은 1초에 최소 165~169회 날갯짓합니다 Sotavalta, 1947.

모기 종류에 따라 날갯짓하는 횟수가 다르며, 다음 표에서 그 차이를 확인할 수 있습니다.

| 학명 | 날갯짓(횟수/초) | | 근거 문헌 |
	수컷	암컷	
Anopheles subpictus	520~580	330~385	Tischner (1953)
Anopheles maculipennis	330	165~247	Sotavalta (1947)
Culiseta alaskaensis	415~446	175~233	Sotavalta (1947)
Culiseta bergrothi	440~494	–	Sotavalta (1947)
Culiseta morsitans	247-392	196~220	Sotavalta (1947)
Culex pipiens	–	165~169	Sotavalta (1947)
Aedes aegypti	467	367	Christophers (1960)
	–	355~415	Tischner & Schief (1955)
	–	449~603	Wishart & Riordan (1959)
Aedes cantans	587	227~311	Sotavalta (1947)
Aedes punctor	330~523	247~311	Sotavalta (1947)
Aedes campestris	–	311~332	Hocking (1953)
Aedes communis	–	349~370	Sotavalta (1947)
	–	213~230	Hocking (1953)
Aedes impiger	–	305~380	Hocking (1953)

출처: Clement, 1963, The Physiology of Mosquitoes

66
날아가는 속도는
얼마나 되나요? 99

　　미국모기방제협회AMCA에 따르면 모기는 시간당 1,609~2,414m를
날 수 있다고 합니다. 이를 초로 환산하면 1초에 0.5~0.7m를 나는 셈입
니다. 다른 조사에 따르면 이집트숲모기Aedes aegypti는 1초에 0.5~1.0m를
날며 이를 시간으로 환산하면 시간당 1,800~3,600m입니다. 보통 사람
이 걷는 속도가 시간당 4,000m라고 하니 사람 걸음보다 약간 느리다고
볼 수 있습니다.

　　참고로 집파리는 1초에 약 2.0m, 벌은 2.5~6.0m, 등에는 약 14m를
난다고 합니다.

얼마나 멀리
날아갈 수 있나요? "

종류에 따라 활동 범위가 다르지만 대개 모기는 1.6~5.0㎞ 범위에서 생활하는 것으로 알려지며, 우리가 숲 주변에서 흔히 보는 흰줄숲모기는 주로 100m 이내에서 삽니다.

물론 더 폭넓게 활동하는 종도 있습니다. 미국 중서부의 대형 호수에 사는 모기는 태어난 곳에서 최대 11㎞ 떨어진 곳까지 날아간 적이 있으며, 바닷가 염분이 섞인 물에 사는 모기는 약 160㎞를 비행했다고 합니다. 이런 모기는 주변에 피를 빨 만한 동물이 드물면 흡혈 대상을 찾고자 32~64㎞는 거뜬히 날아갑니다. 알을 낳으려면 반드시 피를 빨아야 하기 때문입니다.

육지와 수백 킬로미터 떨어진 바다 한가운데에서 모기를 채집한 기록도 있습니다. 이는 강한 상승 기류에 떠밀리던 모기가 배에서 채집된 것으로 추측합니다.

한편 말라리아, 일본뇌염 같은 질병을 옮기는 종의 활동 범위를 아는 일도 중요합니다. 모기 매개질병을 연구하는 사람들은 이런 종의 활동 범위를 파악하고자 분산 실험을 합니다. 먼저 모기를 많이 채집한 다음

모기에게 형광 색소 스프레이를 뿌리고 날려 보냅니다. 그 뒤에 다시 모기를 채집해 형광 색소가 묻은 모기를 가려냅니다.

과거 일본뇌염이 만연하던 시기에 일본뇌염을 옮기는 작은빨간집모기로 분산 실험을 진행한 적이 있습니다. 그 결과 하룻밤에 최대 7.4㎞까지 날아간 개체도 있었으나 날려 보낸 대부분(77.5%)은 며칠이 지나도 2㎞ 이내(77.5%)에 머물렀습니다.

1998년에는 말라리아를 옮기는 중국얼룩날개모기로 분산 실험을 했습니다. 하룻밤에 최대 12㎞까지 날아간 개체도 있었으나 대부분은 6㎞ 이내에서 활동했습니다. 이 결과로 중국얼룩날개모기가 작은빨간집모기에 비해 분산 능력이 더 뛰어난 것을 알 수 있었습니다.

얼마나 높이 날 수 있나요?”

미국모기방제협회AMCA에 따르면 사람을 무는 모기는 대개 높이 12m 미만에서 날아다닌다고 합니다. 2002년에 우리나라 주요 모기가 자연에서 주로 어느 정도 높이에서 활동하는가에 대한 연구가 진행되었고, 그 결과 빨간집모기는 2.52m, 중국얼룩날개모기는 2.04m, 금빛숲모기는 1.96m, 작은빨간집모기는 1.76m까지 날아올랐습니다. 즉 실험한 모기는 모두 높이 2m 내외에서 날아다닌다는 것을 확인했습니다.

이로 미루어 보면 모기는 그다지 높지 않은 안정된 공간에서 날아다니는 것으로 보이지만 예외도 있습니다. 싱가포르에서는 지상 21층 아파트에서 모기가 발견된 적도 있습니다. 기류나 건물 엘리베이터를 타고 올라갔겠지요. 좀 다른 이야기지만 우연찮게 여객기에도 모기가 올라탄다면 약 10,000m까지도 올라가게 되겠지요.

반대로 모기는 아주 깊은 지하에서도 삽니다. 인도 어느 광산에서는 지하 약 600m에서 모기가 번식한 적이 있습니다.

"어떤 색깔을
좋아하나요?"

    사실 모기는 색을 보지 못하고 오로지 명암만 구분할 수 있습니다. 그러므로 모기가 좋아하는 '색깔'은 애초에 있을 수 없지만 과거에는 이에 관한 여러 실험이 있었습니다.

    1925년 고[Ko] 박사는 천장에 색깔별로 옷 조각을 붙여 놓고 여기에 앉아 쉬는 모기를 조사했습니다. 그 결과 말라리아를 옮기는 얼룩날개모기류는 노란색, 흰색, 진한 빨간색, 초록색에서, 집모기류와 숲모기류는 파란색, 자주색, 빨간색, 검은색에서 주로 앉아 쉬었습니다.

    1930년 브리겐티[Brighenti]는 축사 천장을 닦은 다음 역시 색깔별로 옷을 붙여 놓고 얼룩날개모기류인 아노펠레스 마쿨리펜니스[Anopheles maculipennis]가 좋아하는 색깔을 조사했고, 결과는 빨간색, 보라색, 노란색, 흰색, 초록색, 암청색 순이었습니다.

    1938년 브렛[Brett]은 모기 사육망 안에서 이집트숲모기[Aedes aegypti] 암컷이 검은색과 흰색을 기준으로 선호하는 색깔을 조사했습니다. 검은색을 대비하면 검은색, 빨간색, 엷은 자주색, 갈색, 회색, 흰색, 파란색, 황갈색, 초록색, 엷은 갈색, 노란색 순이었고, 흰색을 대비해서는 빨간색, 검은색, 황갈색, 초록색, 파란색, 엷은 자주색, 노란색, 흰색, 엷은 갈색 순이었습니다.

1947년 굴린은 다양한 색깔 옷을 번갈아 입으며 모기가 가장 많이 달려드는 색깔은 무엇인지 조사했습니다. 그 결과 숲모기 3종은 검은색, 파란색, 빨간색, 황갈색, 초록색, 노란색, 흰색 순으로 달려들었고 그중에서도 검은색, 파란색, 빨간색 비율이 가장 높았습니다.

모기가 알을 낳는 데 선호하는 색깔이 있는지에 대한 조사도 있었습니다. 모기가 사는 정원에 크기는 같고 색깔은 다른 물그릇을 두었습니다. 이때 모기가 선호하는 색깔은 빨간색, 갈색, 검은색, 파란색, 보라색, 분홍색, 초록색, 노란색 순이었고 흰색 물그릇에는 아예 알을 낳지 않았습니다.

또한 모기가 좋아하는 빛의 파장에 대한 실험 결과도 있습니다. 모기는 300~400㎚(3,000~4,000Å) 범위를 좋아하며, 가시역에 가까운 자외선 영역인 블랙라이트black light를 선호합니다. 나방이나 딱정벌레도 이 영역을 선호하는 것으로 알려집니다.

이러한 내용을 종합해 보면 모기는 대개 검은색과 빨간색처럼 진하고 어두운 환경을 좋아하며, 흰색이나 노란색처럼 밝고 환한 환경은 그다지 좋아하지 않는다는 것을 알 수 있습니다.

" 밤에만 움직이나요? "

종류에 따라 활동 시간은 다릅니다. 크게 밤과 낮으로 나뉘고, 같은 시간대에서도 종류별로 조금씩 다른 양상을 보입니다.

우리나라에서 볼 수 있는 모기의 활동 시간을 살펴보겠습니다. 일단 주로 밤에만 활동하는 모기는 도시에서 가장 흔한 빨간집모기, 농촌에서 주로 발생하는 중국얼룩날개모기, 작은빨간집모기, 금빛숲모기, 큰검정들모기, 바닷가에 많은 토고숲모기입니다. 이 모기들은 낮에는 거의 움직이지 않습니다.

반대로 낮에 주로 활동하는 모기는 흰줄숲모기, 한국숲모기가 있습니다. 밤에 활동하는 모기 대부분이 낮에는 거의 움직이지 않는 데 반해 이 모기들은 밤에도 어느 정도 활동합니다. 우리나라에는 없지만 황열, 뎅기열, 치쿤구니야열, 지카바이러스감염증을 옮기는 이집트숲모기 *Aedes aegypti*도 낮에 활동하는 대표 모기입니다.

밤에 활동하는 대표 종류인 얼룩날개모기류는 오후 9시부터 오전 5시 정도까지 활발하게 움직입니다. 반면 흰줄숲모기는 오전 6시부터 오후 3시 무렵까지 서서히 움직이다가 4~5시 사이에 가장 활발하고 해가 저물면 점점 활동량이 줄어듭니다.

다음은 저와 여러 연구자가 기록한 모기 활동 시간대 그래프입니다. 얼룩날개모기류는 2000년 말라리아 발생 지역에서 1시간 동안 한 사람에게 달려든 모기를 흡충관으로 채집했고, 흰줄숲모기는 2009년 담양 대나무숲에서 30분 동안 유인제를 넣어 모기를 모으는 전문가용 트랩 BG-Sentinel으로 채집했습니다.

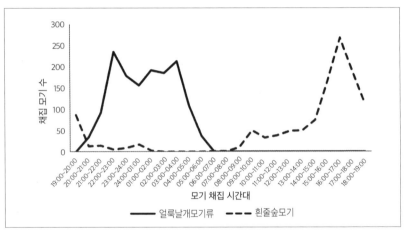

채집 모기 수

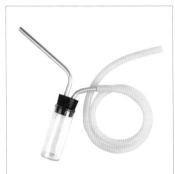

흡충관. 금속관 끝을 모기 가까이 대고 고무호수 끝을 입에 물고 흡입한다.

BG-Sentinel 트랩. 드라이아이스 같은 유인 물질을 이용해 트랩 위에 있는 검은색 흡입구로 모기를 유인해 전기로 흡입한다.

보름달이 뜨면
더 활발해지나요? "

1940~50년대에는 빛에 끌려오는 모기를 채집해 그 수를 확인하며 모기 활동을 연구했습니다. 당시에는 보름 무렵에 채집되는 모기 수가 줄었기에 사람들은 보름달이 뜨면 모기의 활동량도 줄어든다고 여겼습니다. 그러나 이후 모기 활동을 조사할 수 있는 방법이 발달하면서 오히려 보름달이 뜨면 모기가 더욱 활발하게 움직인다는 사실을 알게 되었습니다. 미국모기방제협회AMCA에 따르면 모기는 보름달이 뜨는 날에 평소보다 약 500배나 더 활발히 움직인다고 합니다.

내 활동 시간이 왔군.

그렇다면 1940~50년대에는 왜 그런 현상이 나타났을까요? 당시에는 빛을 이용한 트랩으로 모기를 채집했습니다. 보름달이 뜬 날에는 환한 달빛 때문에 상대적으로 트랩의 빛이 옅어지기 마련입니다. 그러니 트랩에 모이는 모기 수가 줄어들 수밖에 없지요.

이후 여러 학자가 달빛이 모기 활동에 미치는 영향에 대해 연구했고, 모든 모기는 달빛이 밝을 때 더 활발하다는 결론을 내렸습니다. 그러나 이는 밤에 활동하는 모기에만 해당합니다.

66 어떻게 흡혈 대상을 찾나요? 99

모기가 흡혈 대상의 체온, 체습을 감지할 수 있는 범위는 1m, 제시각으로 흡혈 대상을 찾을 수 있는 범위는 1~2m 이내입니다. 흡혈 대상의 이산화탄소가 바람을 타고 전해지면 10~15m 범위에서도 감지할 수 있습니다. 참고로 동물이 발산하는 이산화탄소 양은 종마다 다르며 닭은 25㎖/분, 사람은 250㎖/분, 소는 2,000㎖/분입니다.

모기가 가장 멀리서도 감지할 수 있는 요소는 흡혈 대상의 체취(아미노산이나 젖산)로 15~20m 떨어진 곳에서도 감지할 수 있습니다. 깜깜한 밤이나 어두운 곳에서도 모기가 피를 빨 수 있는 이유이지요. 바람을 거슬러 지그재그로 날던 모기는 이러한 요인을 감지할 수 있는 범위에 들어서면 흡혈 대상을 향해 직선으로 날아갑니다.

한편 2015년 반 브로이겔van Breugel 등이 연구한 결과에 따르면 모기는 10~50m 떨어진 사람이 내뿜는 이산화탄소와 체취를 감지해 날아오고 5~10m 부근에서 사람을 대략 인식하며, 5~0.2m 거리에서 체온과 체습을 감지하고 20~3㎝에서는 흡혈 대상임을 충분히 인식하고서 피를 빤다고 합니다.

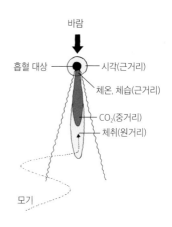

바람

흡혈 대상 — 시각(근거리)

체온, 체습(근거리)

CO_2(중거리)

체취(원거리)

모기

모기가 흡혈 대상을 찾는 경로

모기도 냄새를 맡을 수 있나요?

모기에게는 더듬이(촉각)가 있습니다. 더듬이는 중요한 감각기관 중 하나로 여기에는 화학감각기, 기계감각기, 열감각기, 수분감각기가 있습니다. 모기는 더듬이로 냄새를 맡고 주변 움직임을 감지합니다. 그래서 공기 속에 떠다니는 습기로 피를 빨 동물의 위치와 움직임을 알아내고, 살기에 적당한 은신처도 찾아냅니다.

⁶⁶ 왜 피를 빠나요? ⁹⁹

모기, 그중에서도 암컷 모기가 피를 빠는 가장 큰 이유는 알 때문입니다. 알이 자라는 데 동물성 단백질 같은 영양분이 반드시 필요하기에 암컷 모기는 죽을 위험을 무릅쓰고 피를 빨고자 애씁니다. 이는 반대로 알을 낳지 않는 수컷 모기가 피를 빨지 않는 이유이기도 합니다.

흡혈은 번식하는 데 필수이므로 모기 주둥이도 피를 잘 빨 수 있게끔 발달했습니다. 언뜻 모기 주둥이는 빨대 같다고 생각할 수 있으나 실제로는 그리 단순하지 않습니다. 다음 그림을 보면 모기 주둥이 구조를 자세히 알 수 있습니다.

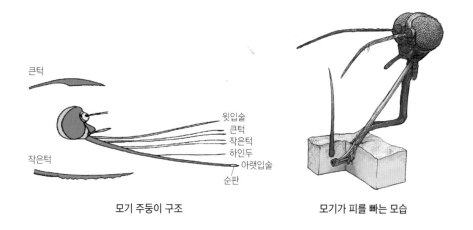

큰턱

작은턱

윗입술
큰턱
작은턱
하인두
아랫입술
순판

모기 주둥이 구조

모기가 피를 빠는 모습

피 말고
다른 것도 먹나요?

암컷은 알을 키워야 하기에 피를 빨지만 다른 활동을 하는 데 필요한 에너지원은 과즙이나 식물 즙에서 얻기도 합니다. 숲모기류 암컷은 꽃에서 당분을 찾기도 하며 얼룩날개모기속*Anopheles*, 집모기속*Culex*, 만소니아속*Moansonia*, 프소로포라속*Psorophora*, 왕모기속*Toxorhynchites* 중에도 과즙을 빠는 종이 있습니다. 수컷은 오로지 과즙이나 식물 즙을 빨아 영양분을 보충합니다.

모기를 넣은 사육망 안에 설탕물(5~10%)에 적신 솜을 넣으면 수컷뿐 아니라 암컷도 달라붙어 설탕물을 빠는 모습을 볼 수 있습니다.

피를 전혀 빨지 않는
모기도 있나요?

모기 암컷은 대부분 피를 빨지만 드물게 그렇지 않은 종도 있습니다. 광릉왕모기는 평생 한 번도 피를 빨지 않고, 애벌레 시기에는 다른 종의 애벌레를 잡아먹으며 삽니다. 그래서 다른 나라에서는 광릉왕모기를 이용해 다른 모기를 없애는 연구를 한 적이 있습니다. 또 열대 지방에 사는 한 종*Harpagomyia jacobsoni*은 어른벌레일 때 꼬리치레개미류 입에 주둥이를 꽂고 개미 즙을 빨아 먹습니다.

광릉왕모기(큰 것)와 흰줄숲모기 4령 애벌레(작은 것). 왕모기와 다른 모기는 애벌레 때부터 크기 차이가 난다.

광릉왕모기 수컷

모기가
특히 좋아하는 동물은?

오랫동안 굶주린 상황만 아니라면 대개 모기는 종마다 선호하는 흡혈 대상이 있습니다.

우리나라 농촌에서 이루어진 조사에 따르면 말라리아를 옮기는 중국얼룩날개모기가 피를 빠는 대상은 소(54.8%), 돼지(42.5%), 사람(1.7%), 기타 포유동물(0.7%), 소와 돼지 중복(0.3%) 순이었습니다. 작은빨간집모기와 금빛숲모기는 덩치가 큰 편인 소나 돼지를 좋아하며, 빨간집모기는 닭과 같은 조류鳥類를 좋아합니다. 언젠가 잘린 나무 위에 앉은 닭에 빨간집모기만 달라붙어 피를 빨아 먹는 모습을 본 적이 있습니다.

흡혈 취향은 사는 환경에 따라 달라지기도 합니다. 숲에 적응한 모기는 주로 거기에 있는 동물의 피를 빨고, 도시에 사는 모기는 사람 피를 빱니다.

모기의 흡혈 습성을 생태학 측면에서 살펴보면 흡혈 대상에 따라 인체기호성anthropophilic과 동물기호성zoophilic, 장소에 따라 옥내흡혈성endophagy과 옥외흡혈성exophagy으로 나눌 수 있습니다. 이러한 차이로 모기가 질병을 옮기는 성향을 파악할 수 있으므로 이는 질병 연구와 모기

방제에 중요한 요소로 쓰이기도 합니다.

한편 모기별로 선호하는 흡혈 대상이 따로 있다고 하더라도 갑자기 그 동물이 사라지거나 자기 영역에 새로운 동물이 들어온다면 모기는 취향을 따지지 않고 공격합니다.

“한 번에 피를 얼마나 빨아 먹나요?”

모기 종류와 크기에 따라 다릅니다. 아열대, 열대 지역에서 다양한 질병을 옮기는 이집트숲모기*Aedes aegypti*를 대상으로 실험한 결과, 한 마리가 약 4.2㎣ 피를 빨았습니다. 다른 연구에서 얼룩날개모기류인 아노펠레스 쿠아드리마쿨라투스*Anopheles quadrimaculatus*는 3.4㎣, 아노펠레스 알비마누스*Anopheles albimanus*는 2.4㎣, 흰줄숲모기와 작은빨간집모기는 1~6㎕, 집모기류인 쿨렉스 피피엔스 파티간스*Culex pipiens fatigans*는 10.2㎣ 정도 피를 빤다는 결과가 나왔습니다.

참고로 위 연구는 모기가 피를 빨고 나서 몇 분 뒤에 몸속 액체를 배출하는 현상을 계산에 넣지 않고 측정한 것으로 보입니다. 그리고 측정 단위가 다른 것은 학자마다 사용한 측정 기구가 달랐기 때문인 것 같습니다.

피 한 번 주면 안 잡아먹지.

하루에 얼마나 자주
피를 빠나요?

모기는 대체로 하루에 한 번 피를 빱니다. 숲모기류나 얼룩날개모기류는 일단 피를 빨면 큰 위협을 느끼지 않는 이상 끝까지 쉬지 않고 피를 빱니다. 그리고 대개 원하는 양만큼 먹었으면 알을 낳기까지는 더 이상 피를 빨지 않습니다.

다만 도심에서 흔히 보는 빨간집모기처럼 경계심이 아주 많은 경우에는 흡혈 대상이 조금만 움직이거나 위협을 느끼면 주둥이를 빼고 날아갔다가 다시 돌아와 피를 빨곤 합니다. 또한 알을 낳을 무렵이면 피가 많이 필요하기 때문에 배가 찰 때까지 하루에도 몇 번이고 피를 빱니다.

66

모기가 사람 피를 충분히 빨 때까지 걸리는 시간은?

오래전 야외에서 직접 모기에 물리며 모기가 팔뚝에 앉아 주둥이를 피부에 집어넣고서 충분히 피를 빤 다음 꽁무니에서 몸속에 있던 위액과 혈액이 혼합된 액체를 한 방울 떨어뜨린 뒤 주둥이를 뺄 때까지 시간을 측정한 적이 있습니다.

당시 말라리아를 옮기는 중국얼룩날개모기 20마리 정도가 팔뚝을 물었고, 피를 다 빠는 데 걸린 시간은 평균 1분 44초 87이었습니다. 최소 1분 00초 87, 최대 2분 52초 28였습니다. 중간에 날아온 금빛숲모기 한 마리는 1분 02초 09가 걸렸습니다.

대개 흡혈 시간은 2분 내외일 것으로 예상하지만 이 또한 종류와 습성에 따라 차이가 나겠지요.

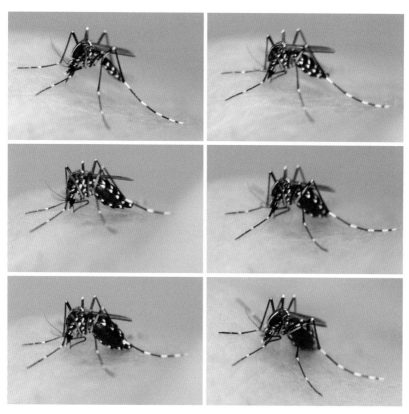

흡혈 시간 경과에 따른 흰줄숲모기 모습 변화

피를 빨면서 꽁무니로
피를 배출하는 이유는?

말라리아를 옮기는 얼룩날개모기류는 피를 빨면서 항문으로 피 섞인 액체를 배출합니다. 한 곤충학자는 이를 모기가 체온을 떨어뜨리려고 하는 행동으로 해석했습니다.

즉 모기가 다른 동물의 피를 빨면 그 동물의 체온이 피를 따라서 그대로 모기에게 전달되고 이는 몸속 과열로 이어져 모기의 물질대사에 나쁜 영향을 끼칩니다. 그래서 피 섞인 액체를 내보내며 체온을 조절한다는 것이지요. 이집트숲모기*Aedes aegypti*도 피를 다 빨고 나면 주둥이를 뺀 뒤 1~5분 동안 체액 약 1.5㎕를 내보냅니다.

한편 이는 피를 충분히 채우고자 위 속에 있는 다른 물질을 배출하는 행동이라는 의견도 있습니다.

중국얼룩날개모기가 피를 거의 다 빨았을 무렵 피가 섞인 액체를 배출하는 모습

모기에 물리면
왜 가렵고 부어오르나요?

언뜻 모기가 피를 빠는 모습은 우리가 음료 병에 빨대를 꽂아 마시는 것과 비슷해 보일 수 있지만 그렇지 않습니다. 모기 주둥이의 큰턱과 작은턱에는 끝이 아주 날카로운 칼날과 같은 것이 있습니다. 이것으로 살을 뚫기에 우리는 따끔한 통증을 느낍니다. 칼날과 함께 피부 속으로 들어간 하인두에서 침샘에 고인 침(타액)이 나와 피가 굳지 않도록 하고 이때 윗입술은 피를 빨아들이는 통로가 됩니다.

이후 우리 몸은 모기에 물리면서 입은 세포 손상과 피부 안으로 들어온 이물질(침)에 대한 반응으로 비만세포가 내보낸 히스타민을 분비합니다. 우리가 가려움증을 느끼는 이유입니다. 과거에는 히스타민을 모기에게서 들어오는 물질이라 여겼는데 사실은 우리 몸이 만들어 내는 물질입니다.

히스타민은 모세혈관을 넓혀 혈류량을 늘리고 모세혈관의 투과성을 높여 백혈구 일종인 식세포가 감염된 부위로 더 빨리 이동할 수 있도록 합니다. 그러면 조직세포 사이의 액체인 조직액이 늘어나면서 모기 물린 곳 주변이 부어오릅니다.

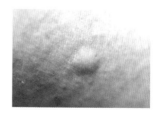

모기에 물려 부풀어 오른 피부

모기 물린 곳에 침을 바르면 정말 도움이 되나요?

알칼리성 물질인 우리 침이 산성인 모기 침에서 분비되는 물질을 중화시켜 가려움을 가라앉힌다는 말이 있습니다. 모기에 물려 가려운 부위에 침을 바르고 입김을 불면 순간 가려움증이 완화되고 시원해지는 듯합니다. 그러나 이는 침에 섞인 수분이 날아가면서 생기는 느낌일 뿐입니다.

침은 진통제 역할을 해 잠시 가려움을 가라앉힐 수는 있지만 근본 치료법은 될 수 없습니다. 오히려 침 속에 있는 여러 세균이 모기 물린 곳에 침입해 이차 감염을 일으킬 수도 있습니다.

모기 물린 데
가장 효과 있는 방법은?

미국 알레르기 정보기관은 모기에 물렸을 때 다음과 같이 조치하도록 권장합니다.

(1) 모기에 물린 자리를 즉시 연한 비누로 씻어 냅니다. 가려움증이 점차 가라앉고 상처 부위에 있는 세균도 사라집니다.

(2) 모기에 물린 자리는 긁지 않습니다. 긁으면 피부가 손상될 뿐만 아니라 피까지 날 수 있습니다. 가렵다고 긁었다가 세균에 감염되는 피해를 줄이고자 어린이는 손톱을 깎아 줍니다.

(3) 칼라민 로션calamine lotion이나 코르티손 크림cortisone cream 같은 가려움증 치료제를 바릅니다.

(4) 디펜히드라민이 든 약을 복용하면 가려움증을 줄일 수 있습니다.

(5) 심하게 가렵다면 국소마취제를 투여합니다. 고통과 가려움증을 덜어 줍니다.

(6) 모기에 물렸을 때 알레르기를 일으키는 체질이라면 이부프로펜이 든 소염제를 먹습니다. 가려움증은 물론 발진, 발열, 통증, 부기를 완화시켜 줍니다.

(7) 모기에 물린 뒤 어지럽거나 구토를 하면 이는 극심한 알레르기 반응 이므로 즉시 의료기관을 찾도록 합니다.

(1)~(3)까지는 우리가 스스로 할 수 있는 방법이지만 (4)~(7)은 의료기관 을 찾아 진단, 처방을 받아야 하는 방법입니다.

술 마신 사람 "

2002년 일본인 학자 시라이 Shirai 등은 술 마신 사람에게 모기가 더 많이 몰리는지를 알아보고자 실험 참가자 일부에게 12oz(약 355cc)짜리 맥주를 한 병씩 마시게 했습니다. 이후 술을 마시지 않은 사람과 마신 사람에게 달려드는 모기를 비교 측정했더니 술을 마신 사람에게 모기가 더 많이 모였습니다.

2010년 르페브르 Lefèvre 등도 이 사실을 재확인했습니다. 맥주를 마신 사람 몸에서 나는 냄새에 모기가 어떻게 반응하는지, 아프리카에서 말라리아를 옮기는 얼룩날개모기류인 아노펠레스 감비아 Anopheles gambiae를 대상으로 실험했습니다. 그 결과 이 냄새를 맡은 모기는 더 자주 날아올랐고, 더 많은 모기가 냄새가 나는 쪽으로 날아들었습니다.

모기가 특히 좋아하는 사람 2
임신부

2000년 린지Lindsay 등이 감비아에서 실시해 발표한 연구 결과에 따르면 아프리카에서 말라리아를 옮기는 얼룩날개모기류Anopheles gambiae complex는 임신하지 않은 여성보다 임신한 여성을 약 2배나 더 물어 이로 말미암은 임신부 발병 가능성도 높아진다고 합니다.

임신 후기 여성은 평균보다 21% 더 호흡하며 여기서 나오는 이산화탄소와 수분이 모기를 끌어당깁니다. 또한 연구진은 임신부 피부에서 모기를 유인하는 휘발성 물질을 발견했습니다. 임신부는 배 온도가 평균보다 1도 정도 높아 땀을 더 흘리고 이 물질은 여기서 비롯하는 것으로 보입니다.

2004년 히메이단Himeidan 등도 수단에서 모기 유인 효과 실험을 진행했습니다. 20일 동안 임신부와 임신하지 않은 여성 각각 9명에게 달려드는 모기를 채집했습니다. 여기서 채집한 모기는 이 지역에서 말라리아를 옮기는 얼룩날개모기류인 아노펠레스 아라비엔시스Anopheles arabiensis입니다. 이 실험에서도 모기는 임신부에게 거의 2배 더 많이 몰렸습니다.

66
모기가 특히 좋아하는 사람 3
O형인 사람 99

2004년 시라이Shirai를 비롯한 일본 학자들은 흰줄숲모기가 혈액형이 A형인 사람보다 O형인 사람에게 2배 가까이 더 달려들며, 어느 혈액형보다 O형에 더 많이 몰린다고 발표했습니다. 이는 사람이 모기가 혈액형을 식별할 만한 물질을 분비한다는 뜻입니다. 그러나 미국모기방제협회AMCA 기술고문인 콜론Conlon은 이 결과에는 통계 문제가 있다고 비난했습니다. 한편 2014년 안조므루즈Anjomruz 등이 연구한 결과를 보면 말라리아가 발생하는 지역에서는 O형 거주자의 발생률이 다른 혈액형에 비해 약간 높습니다.

다소 논란이 있기는 하지만 지금까지 발표된 연구 결과를 토대로 하면 다른 혈액형보다 O형이 모기에 물릴 가능성이 조금 더 높다고 할 수 있습니다. 물론 이 결과를 뒷받침할 명확한 증거는 아직 없기에 이와 관련한 연구가 더 필요합니다.

모기가 특히 좋아하는 사람 4
운동하는 사람 99

운동을 하면 우리 몸은 젖산이라는 화학 물질을 만들어 땀샘을 통해 내보냅니다. 또한 운동할 때면 호흡이 가빠져 평소보다 이산화탄소를 더 많이 내뿜습니다. 그러므로 가만히 쉴 때보다 운동할 때 모기에 물릴 가능성이 더 높으며, 미국모기방제협회AMCA에 따르면 그 가능성은 50%까지 높아진다고 합니다. 모기에 물리지 않으려면 운동을 한 다음에 곧바로 샤워하고 쉬는 것이 좋습니다.

66
모기가 특히 좋아하는 사람 5
발 냄새 나는 사람 99

네덜란드 바허닝언 농업대학교Wageningen Agricultural의 대학원생인 쿠놀스Knols는 우리 몸에서 어떤 부분이 모기 표적이 될 가능성이 가장 높은지 알아보고자 속옷 바람으로 실험실에 앉아 모기에 물리는 실험을 했습니다. 그 결과 실험 모기의 75%가 발을 물었습니다. 이어서 탈취제가 함유된 비누로 발을 씻은 다음 똑같이 실험했더니 이번에는 모기가 몸 전체를 무작위로 물었습니다.

이를 증명하고자 발 냄새와 비슷한 냄새가 나는 치즈인 림버거로 같은 실험을 했더니 림버거에도 모기가 몰렸다고 합니다. 발 냄새와 치즈 냄새는 모두 브레비박테리움Brevibacterium이라는 박테리아에서 비롯하는 것으로 밝혀졌습니다.

이 결과를 토대로 몇몇 연구자들은 자던 텐트 안에 림버거 치즈를 놓아두었는데 안타깝게도 모기에게서 발을 지키지는 못했답니다.

66

모기가 특히 좋아하는 사람 6
특정 유전자를 가진 사람 99

　　화학 성분은 모기가 흡혈 대상을 찾는 데 가장 중요한 단서가 됩니다. 사람마다 내뿜는 냄새가 다르기에 모기에 물리는 정도도 다릅니다.

　　인간백혈구항원HLA 유전자는 우리 몸의 냄새 조절에 관여하기 때문에 모기에 물리는 데도 영향을 미칩니다. 2013년 네덜란드의 페로홀스트Verhulst 박사 등은 말라리아를 옮기는 얼룩날개모기류인 아노펠레스 감비아Anopheles gambiae를 대상으로 인간백혈구항원 유전자 분석, 피부 휘발성 물질, 모기 유인 효과 등에 대한 상관관계를 조사했습니다.

　　결과는 재미있게도 인간백혈구항원 유전자 Cw*07이 있는 사람은 모기에 더 물린다고 나왔습니다. 주변에 유난히 모기에 잘 물리는 사람이 있다면 이 유전자를 지녔을지도 모르겠습니다.

모기가 특히 좋아하는 사람 7
몸집이 크거나 향수를 뿌린 사람 99

프라댕Fradin 박사의 논문에 따르면 보통 어른이 아이보다, 남성이 여성보다 모기에 더 잘 물립니다. 몸집 크기 때문입니다. 몸집이 큰 사람은 작은 사람에 비해 열이나 이산화탄소를 더 많이 배출한 가능성이 높습니다.

향수를 뿌린 사람도 그렇지 않은 사람보다 모기에 물릴 확률이 더 높습니다. 앞에서 이야기했듯이 모기는 과즙이나 꽃 속에 있는 당분도 먹기에 향기로운 냄새를 좋아하지요. 그래서 향수를 뿌리면 모기가 더 많이 몰려듭니다.

무엇을 싫어하나요?

모기가 무엇을 싫어하는지 알면 모기를 물리칠 수 있는 방법의 실마리도 찾을 수 있겠지요.

(1) 사람: 모기와 끊임없는 전쟁을 치르지만 한편으로는 피도 제공하니 모기가 싫어한다기보다 애증의 관계라고 할 수 있습니다.

(2) 햇빛: 동이 트면 밤새 극성을 부리던 모기가 모두 어디론가 사라집니다.

(3) 살충제: 모기 목숨을 위협하니 모기가 좋아할 리 없습니다.

(4) 기피제: 모기가 싫어하는 성분을 함유하니 모기를 쫓는 데 효과가 있습니다. 시중에서 판매되는 제품 외에 천연 모기 기피제가 될 만한 것은 82쪽에서 더 살펴보겠습니다.

(5) 센바람: 모기가 흡혈 대상을 찾을 때 큰 방해가 됩니다. 반대로 잔바람은 흡혈 대상의 냄새를 실어다 주기에 오히려 모기에게 도움이 됩니다.

(6) 폭우와 홍수: 모기는 매우 가볍고 대개 늘 움직이며, 온몸에 비늘(인편)이 덮여 있어 빗방울에 맞아도 튕겨 나가기에 충격을 거의 받지 않지만 폭우가 퍼부으면 흡혈 대상을 찾기가 어렵습니다. 또

폭우로 홍수가 지면 알을 낳는 곳이나 애벌레, 번데기가 사는 곳이 파괴될 수 있습니다.

(7) 더위와 가뭄: 우리나라에서는 한여름인 7~8월에 모기가 가장 많이 발생합니다. 하지만 열대야 같은 고온 현상이 이어지거나 가뭄이 들면 모기가 알을 낳을 만한 곳이나 애벌레, 번데기가 사는 곳이 메말라 아예 발생률 자체가 낮아집니다.

(8) 추위: 영상 13℃ 이하이면 모기는 활동을 거의 멈추고 기온이 영하로 떨어지는 날이 2~3일간 이어지면 생존에 막대한 지장을 받습니다. 초가을까지 극성을 부리던 모기가 늦가을부터 사라지는 까닭입니다.

천연 모기 기피제는
어떤 것이 있나요?

(1) 모깃불: 옛날에는 여름밤이면 모기를 쫓으려고 마당 한가운데에 불을 지피고 그 위에 젖은 쑥을 올렸습니다. 불이 꺼지고 매캐한 냄새와 함께 하얀 연기가 피어오르면 모기는 이내 도망을 갔습니다. 아직 쑥에 모기 기피 성분이 함유되었는지는 확인되지 않았지만 변변히 모기를 쫓을 만한 제품이 없던 그 시절에는 모깃불 만한 기피제가 없었습니다.

(2) 계피: 녹나무과에 속하는 생달나무 껍질로 만든 약재이며 수정과
의 주원료이기도 합니다. 계피에 함유된 여러 화합물 중 신남알데
히드와 신나밀알코올이 모기가 싫어하는 성분입니다.

(3) 토마토: 식물은 곤충 같은 천적에게서 자신을 보호하고자 상처를
입으면 이차대사물질을 만들어 냅니다. 토마토도 마찬가지인데
특이하게도 토마토의 이차대사물질인 IBI-246이 모기를 쫓는 데
효과를 보였습니다. 따라서 생토마토 말고 자른 토마토나 토마토
즙, 주스는 모기 기피제로 효과가 있습니다.

이 외에 오렌지, 모기를 쫓는 풀이라는 구문초^{驅蚊草}, 코알라가 좋아하
는 유칼립투스도 모기 기피 효과가 있습니다. 다만 이런 식물에서 비롯
한 성분은 대부분 휘발성이어서 효과가 오래 지속되지는 않습니다.

사람에게
어떤 질병을 옮기나요? ""

모기가 옮기는 질병은 50가지 이상입니다. 여기에서는 우리가 종종 듣거나 꼭 알아야 하는 질병을 추려 소개하겠습니다.

흔히 말하는 감염병이란 제1~5군 감염병, 지정감염병, 세계보건기구 감시대상 감염병, 생물테러감염병, 성매개감염병, 사람과 동물 공통 감염병 및 의료관련 감염병을 가리킵니다. 우리나라는 국가가 질병을 효율적으로 관리하고자 법정감염병을 지정하며 제1~5군 감염병, 지정감염병으로 구분합니다.

법정감염병 중 우리나라에서 관리하는 모기 매개질병은 7종입니다. 일본뇌염, 말라리아, 황열, 뎅기열, 웨스트나일열, 치쿤구니야열, 지카바이러스감염증입니다. 일본뇌염은 국가예방접종사업 대상으로 제2군 감염병입니다. 말라리아는 간헐적으로 유행할 가능성이 있어 계속 감시하고 방역 대책을 수립해야 하는 제3군 감염병입니다. 그리고 황열, 뎅기열, 웨스트나일열, 치쿤구니야열, 지카바이러스감염증은 국내에서 새롭게 발생했거나 발생할 우려가 있는 해외 유행 감염병으로 지정된 제4군 감염병입니다.

미국질병통제센터CDC에서는 일본뇌염, 말라리아, 황열, 뎅기열, 웨스트나일열, 치쿤구니야열, 지카바이러스감염증뿐 아니라 동부말뇌염, 라싸열, 세인트루이스뇌염 등을 전 세계에서 중요한 모기 매개질병으로 선정해 조사, 연구, 관리합니다. 이 외에도 사상충증이라는 무서운 모기 매개질병이 있고 이는 과거 우리나라에서도 오랫동안 발생한 적이 있습니다.

한편 모기가 에이즈도 옮길 수 있느냐는 의문이 있습니다. 미국국립 암연구소와 공동으로 진행한 연구 결과에 따르면 모기가 감염된 혈액을 빤 뒤 2~3일 동안 에이즈바이러스를 몸속에 보유하기는 합니다. 하지만 바이러스가 모기 몸속에서 번식하거나 이동한다는 증거는 찾지 못했고 그대로 소화되어 소멸했다고 합니다. 즉 에이즈는 바이러스 질병이기는 하지만 모기 매개질병은 아닙니다.

질병을
어떻게 옮기나요?

모기가 병원체에 감염된 동물이나 사람의 피를 빨면 그때 흡혈 대상 혈액 속에 있던 병원체가 모기 몸속으로 들어가 성장, 증식합니다. 이후 병원체는 모기 침샘으로 옮겨 대기하다가 모기가 피를 빨 때 흡혈 대상의 몸속으로 들어갑니다. 병원체에는 바이러스, 원충, 선충 등이 있으며 이로써 수십 가지 위험한 질병이 모기를 통해 사람에게 퍼집니다.

병원체와 질병 종류에 따라 전파 경로는 약간씩 차이가 납니다. 여기에서는 우리나라에서 현재 발생하거나 과거에 발생했던 대표 질병의 전파 방법을 소개하겠습니다.

뇌염은 동물 사이에 퍼지는 질병으로 일본뇌염을 비롯해 동부말뇌염, 서부말뇌염, 세인트루이스뇌염, 캘리포니아뇌염, 머레이계곡뇌염 등이 있습니다. 전파 경

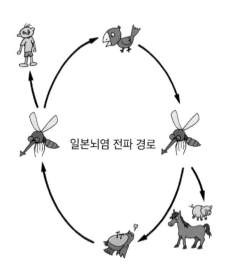

일본뇌염 전파 경로

로는 비교적 단순하며 자연에서 일본뇌염을 퍼뜨리는 동물은 주로 조류
鳥類입니다.

작은빨간집모기, 빨간집모기, 동양집모기 등이 바이러스에 감염된 새
의 피를 빨면서 이때 바이러스가 모기 몸속으로 들어가 증식하고 이후
침샘으로 옮겨갔다가 모기가 다른 동물의 피를 빨면 다시 그 동물 몸속
으로 들어갑니다. 이 바이러스가 사람 몸속으로 들어오면 뇌 속에서 증
식했다가 14일 정도 지난 뒤에 뇌염의 특징 증상인 고열을 일으킵니다.

말라리아는 원충이 퍼뜨리는 질병으로 원충 종류로는 열대열말라리
아*Plasmodium falciparum*, 삼일열말라리아*P. vivax*, 사일열말라리아*P. malariae*, 난
형말라리아*P. ovale*, 원숭이열말라리아*P. knowlesi* 등이 있습니다. 이 중 우리
나라에서 발생하는 말라리아는 삼일열말라리아로 전파 경로는 다음과
같습니다.

말라리아 전파 경로

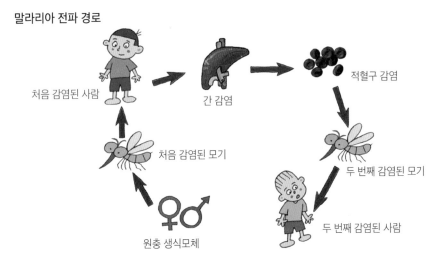

처음 감염된 사람 간 감염 적혈구 감염
처음 감염된 모기 두 번째 감염된 모기
원충 생식모체 두 번째 감염된 사람

얼룩날개모기류가 말라리아에 감염된 사람의 피를 빨면 그 사람의 혈액 속에 있던 생식모체가 모기의 위 속에서 수정해 접합체가 됩니다. 이것이 수태운동체(운동접합체)가 되어 위벽을 뚫고 위 외벽에 정착해 포자낭을 형성합니다. 포자낭에서 수많은 포자가 증식하면 포자낭이 터지고, 터져 나온 포자는 침샘에 모여 있다가 모기가 다른 사람 피를 빨 때 그 사람 몸속으로 들어가 병원체가 됩니다.

이어 병원체는 간세포로 옮겨가 증식하고 혈액으로 나온 다음 다시 적혈구로 들어가 증식하고 적혈구를 터뜨립니다. 그리고서 병원체가 혈액으로 나오면 비로소 말라리아의 특징 증상인 고열이 나타납니다.

사상충증은 선충이 기생하면서 생기는 질병으로 사람에게는 반크로프티사상충*Wuchereria bancrofti*, 말레이사상충*Brugia malayi*, 티모리사상충*B. timori* 등이 기생합니다. 우리나라에서는 도서지방을 중심으로 말레이사상충이 발생했으나 다행히 퇴치 사업을 지속해 2000년 세계보건기구WHO에서 퇴치국가로 인증받았습니다.

토고숲모기와 중국얼룩날개모기가 감염된 사람의 피를 빨면 그 사람의 혈액 속에 있던 사상충 애벌레(자충)가 모기 몸속으로 들어갑니다. 애벌레는 모기 위벽을 뚫고 가슴근육으로 옮겨간 다음 근육조직 속에서 자라고 두 차례 허물을 벗고서 3령이 되면 모기 주둥이로 이동해 모기가 피를 빨 때까지 기다립니다. 3령 애벌레는 모기가 피를 빨 때 사람 몸속으로 들어가 림프조직에 자리를 잡습니다. 여기서 어른벌레가 될 때까지 있으며 기간은 3개월 정도 걸립니다. 어른벌레가 되면 짝짓기를 한 뒤에 수많은 애벌레를 혈액으로 내보냅니다.

사상충에 감염되어도 증상은 장기간 중복 감염된 뒤에야 나타납니다. 우리나라에서 유행했던 말레이사상충증도 임상적으로 잠복기, 급성기, 만성기로 구분됩니다. 잠복기에는 증상이 전혀 없고 급성기에는 고열, 전신근육통, 림프관염, 림프선염 등이 나타납니다. 특히 림프관염과 림프선염이 팔다리에 국한해 장기간에 걸쳐 불규칙하게 반복됩니다. 그리고 병원체가 침입한 부위에 만성림프관염과 림프부종이 나타납니다.

말레이사상충 전파 경로

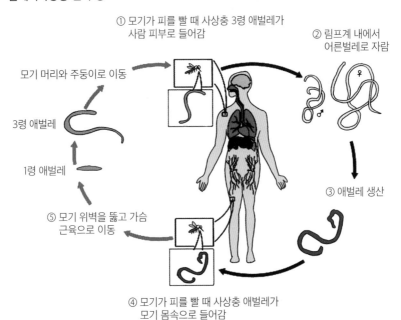

① 모기가 피를 빨 때 사상충 3령 애벌레가 사람 피부로 들어감

② 림프계 내에서 어른벌레로 자람

모기 머리와 주둥이로 이동

3령 애벌레

1령 애벌레

③ 애벌레 생산

⑤ 모기 위벽을 뚫고 가슴 근육으로 이동

④ 모기가 피를 빨 때 사상충 애벌레가 모기 몸속으로 들어감

모든 모기가
질병을 옮기나요?

질병을 옮기는 종류를 매개종이라 하며 오직 매개모기만이 질병을 옮깁니다. 예를 들면 감염병에 걸린 사람에게 여러 종류 모기가 몰려와 피를 빨고 병원체가 그 모기 몸속으로 들어간다고 하더라도 매개종이 아닌 모기 몸속에서는 병원체가 성장, 증식할 수 없으므로 질병도 옮아가지 않습니다.

우리나라에는 사는 매개종으로는 작은빨간집모기(일본뇌염), 중국얼룩날개모기(말라리아), 흰줄숲모기(치쿤구니야열, 뎅기열, 지카바이러스감염증)가 있습니다. 다만 지금 우리나라에서는 매개종이 아닌 모기 중에 다른 나라에서 발생하는 질병을 옮길 수 있는 종도 있습니다. 만약 우리나라에 그 질병이 퍼질 수 있는 환경이 조성되면 그 모기는 질병을 옮기는 매개종이 되겠지요.

" 왜 가을에도
극성을 부리나요? "

가을에 모기가 많아진 것은 도시화 때문입니다. 수많은 주거시설, 빌딩, 자동차 등으로 도심 온도가 상승하고 지하에 수많은 정화조가 생기면서 특정 종이 살기 좋은 환경이 만들어졌습니다.

빨간집모기는 원래도 다른 종에 비해 저온에 강한데 도시화로 말미암아 도심 온도가 높아졌으니 활동 기간이 더 길어지는 것은 당연합니다. 또한 기온이 낮더라도 도시에는 따뜻하게 지낼 수 있는 주거시설, 빌딩이 많으니 가을까지 활동하는 모기가 늘어날 수밖에 없습니다.

게다가 도시 정화조에서는 피를 빨지 않아도 알을 낳을 수 있는 지하집모기가 일 년 내내 발생합니다. 쌀쌀한 가을철이라 하더라도 모기가 활동할 수 있는 기온이 되면 언제라도 정화조 밖으로 나올 수 있습니다.

그래서 오로지 도시에서만 가을에 모기를 볼 수 있으며 농촌에서는 이런 현상이 전혀 나타나지 않습니다.

정화조에서 발생하는 지하집모기

정화조 뚜껑에 붙어 있는 지하집모기

잠자다가
모기에 물리면? 99

잠결에 문제가 되는 것은 항상 모기 한두 마리입니다. 이 정도만 잘 처리해도 더 이상 모기에 물리지 않고 편히 잠잘 수 있습니다. 다소 원시적인 방법도 있지만 이럴 때 쓰면 좋은 방법 몇 가지를 소개하겠습니다.

먼저 잠결에 모기 소리를 들었다면 가만히 일어나 불을 켜고 잠자리 주변 벽면과 물건을 천천히 살펴봅니다. 모기를 찾으면 손바닥 대신 파리채로 칩니다. 손바닥으로 쳐서 잡을 수도 있으나 실패할 확률이 높고 놓치면 손바닥이 아파 화만 더 납니다. 파리채는 구멍이 숭숭 뚫려 있어 모기가 바람 저항을 느끼지 못할 뿐 아니라 손보다 빠르게 칠 수 있어 효과가 높습니다.

잠자리 주변에 모기가 없다면 다른 벽면과 천장을 살펴봅니다. 이때 두서없이 두리번거리기보다는 나름대로 구획을 나누어 살피는 것이 좋습니다. 앞서 살펴본 것처럼 모기는 어두운 환경을 좋아하므로 어두운 색깔로 칠해진 곳이나 구석을 특히 꼼꼼하게 살핍니다. 모기를 발견하면 이때도 역시 파리채로 모기를 가격합니다.

살충 스프레이를 사용할 수도 있습니다. 모기가 위험을 느끼지 않을 만한 거리(50㎝ 내외)에서 모기를 향해 재빠르게 스프레이를 뿌립니다. 모기가 날아가는 것이 보이면 따라가며 짧게 몇 번 더 뿌립니다. 앵앵거리는 소리는 들리지만 모기를 찾을 수 없을 때는 주로 어둡고 구석진 곳에 살충제를 짧게 몇 번 뿌려 둡니다.

모기를 전부
없앨 수는 없나요?

모기를 완전히 없앨 수는 없습니다. 그러기도 쉽지 않겠지만 혹여 모두 없앤다 하더라도 그로 말미암아 사람이 입을 피해는 상상을 초월할 겁니다. 일단 모기를 없애려 사용한 살충제만으로도 지구는 사람이 살 수 없는 곳으로 변할 테고요. 다만 쓰레기가 쌓인 곳이나 물이 고인 곳을 청소한다면 주변에서 발생하는 모기 수는 어느 정도 줄일 수 있습니다. 바로 이런 곳에서 모기가 알을 낳고 장구벌레가 살기 때문입니다.

(1) 집 근처에 쌓인 음료 깡통, 플라스틱 그릇처럼 물이 고일 수 있는 물건을 치웁니다.

(2) 집 주변에 혹시 폐타이어가 있는지 살펴보세요. 모기에게 폐타이어는 아주 살기 좋은 공간입니다.

(3) 분리수거 구역에 쌓인 재활용품이 일주일 이상 방치되지 않도록 합니다. 오래 방치하면 크고 작은 용기에 물이 고여 모기가 발생할 수 있습니다.

(4) 지붕 빗물받이 통은 낙엽이나 다른 물질이 쌓이지 않도록 자주 청소합니다.

(5) 작은 플라스틱 목욕통은 쓰지 않을 때는 엎어 둡니다. 작은 장독이나 항아리도 마찬가지입니다.

(6) 농촌에서는 운반용 손수레에도 물이 고일 수 있으니 쓰지 않을 때는 엎어 둡니다. 가축 물통에도 물이 고이지 않도록 합니다. 이런 곳에서 집모기류가 많이 발생합니다.

(7) 텃밭이나 정원이 있다면 배수가 잘 되게끔 합니다. 행여나 물이 고이면 모기 발생을 막을 수 없습니다.

(8) 방충망에 구멍이나 틈이 생기지 않도록 살피고 문과 창문도 완전히 닫히는지 확인합니다. 모기는 우리가 상상도 하지 못하는 곳에서 들어올 수 있습니다.

(9) 장구벌레를 죽이는 미생물독성제제 Bti, *Bacillus thuringiensis isralensis*를 비롯한 저독성 살충제는 주로 오염된 물에만 쓰도록 합니다. 어류나 양서류가 사는 물에서는 이들이 장구벌레를 잡아먹기 때문에 살충제를 뿌릴 필요가 없습니다.

(10) 썩은 나무 구멍과 움푹 파인 그루터기는 모래나 시멘트로 메워서 물이 고이지 않도록 합니다.

모기는 우리에게
피해만 주나요?

모기는 생태계를 유지하는 데 큰 몫을 합니다. 우선 장구벌레는 물고기, 잠자리 애벌레, 물방개, 히드라, 플라나리아 같은 다양한 수서동물의 먹이이며, 어른벌레는 새나 곤충이 먹습니다. 또한 다양한 기생충과 미생물의 숙주이기도 합니다. 미약하지만 애벌레 시기에는 물속 유기물을 먹어서 수질 정화에도 도움을 줍니다.

모기가 우리에게 피해를 주는 것은 사실이지만 세상에서 사라져야 하는 생물은 분명히 아닙니다. 따라서 모기를 방제할 때는 모기가 생태계에 미치는 영향까지 고려해야 합니다. 다행히 요즘에는 친환경 모기 방제에 대한 연구를 많이 진행하고 있습니다.

참고문헌

국가 생물종 목록집「곤충」(파리목 I). 2013. 환경부 국립생물자원관. 41-59.

김관천, 이진종, 김종선, 조영관. 2002. 위생해충학. 모기. 신광문화사. 135-169.

보건복지부. 2014. 주요 감염병 매개모기 방제관리지침. 질병관리본부. 50-75.

신이현, 이윤식, 김종화, 서보열, 이종현, 이희일, 신영학, 이원자. 2002. 말라리아 매개모기 *Anopheles sinensis*의 계대 사육에 대한 연구. 국립보건원보. 39: 95-102.

신이현. 2011. 가을철 도심의 실내 모기 발생 현상과 대책. 질병관리본부. 주간건강과질병. 4(42): 771-772

심재철, 윤영희, 김정림, 이원자, 신이현, 연경남, 홍한기. 1989. 한국산미기록종 지하집모기 *Culex pipiens molestus*의 확인 및 생활사에 관하여. 국립보건원보. 26: 35-240.

심재철, 윤영희, 김정림, 이원자, 신이현. 1989. 질병매개모기의 월동조사에 관한 연구. 국립보건원보 26: 213-222.

이상몽, 김익수, 박현철, 서숙재, 우수동, 유형주, 이인희, 이종은 제연호, 진병래, 한연수. 2011. 곤충학. 제3판. 월드사이언스. 519 pp.

이종수, 홍한기. 1995. 영양과 염도가 토고숲모기(*Aedes togoi*)의 난 및 유충발육에 미치는 영향. 기생충학잡지. 33(1): 9-18.

이한일. 2012. 위생곤충학(의용절지동물학). 제4장 모기. 고문사. 153~228.

질병관리본부(KCDC). 민원/정보공개. 알림. 지침게시판. 법정감염병 분류체계 및 신고범위(2017.7.18 기준)

홍한기, 심재철, 신학균, 윤형희. 숲모기의 월동에 관하여. 1971. 국립보건연구원보. 8: 143-144.

American Mosquito Control Association. Life cycle. http://www.mosquito.org/life-cycle

American Mosquito Control Association®. Mosquito Info. Frequently Asked Questions. http://www.mosquito.org/faq

American Mosquito Control Association®. Mosquito Info. http://www.mosquito.org/fun-facts

Anjomruz M, Oshaghi MA, Sedaghat MM, Pourfatollah AA, Raeisi A, Vatandoost H, Mohtarami F, Yeryan M, Bakhshi H. 2014. ABO blood groups of residents and the ABO host choice of malaria vectors in southern Iran. Exp Parasitol. 136: 63-67.

Arthur BJ, Emr KS, Wyttenbach RA, Hoy RR. 2014. Mosquitoes (*Aedes aegypti*) flight tones: Frequency, harmonicity, spherical spreading, and phase relationships. J Acoust Soc Am. 135(2): 933-941.

Badamasi MZ, Adamu T, Bala AY. 2008. Species abundance and colour preferences of oviposition by mosquitoes in man-made containers under field conditions in Sokoto, Nigeria. Nigerian Journal of Basic and Applied Sciences. 16(2): 193-196.

Barnard DR, Mulla MS. 1978. Seasonal variation of lipid content in the mosquito *Culiseta inornata*. Ann Entomol Soc Amer. 71: 637-639. (abstract paper only)

Bates M. The Natural history of mosquitoes. 1970. Gloucester, Mass. Peter Smith. 378 pp.

Bellamy RE, Reeves WC. 1963. The winter biology of *Culex tarsalis* (Diptera: Culicidae) in Kern County, California. Ann Ent Soc Amer. 56: 314-323.

Belton P, Costello R. 1979. Flight sounds of the females of some mosquitoes of Western Canada. Entomol Exp Appl. 26: 105-114.

Benoit JB, Denlinger DL. 2007. Suppression of water loss during adult diapause in the northern house mosquito, *Culex pipiens*. J Exp Biol. 210: 217-226.

Bidlingmayer WL. 1964. The effect of moonlight on the flight activity of mosquitoes. Ecology. 45(1): 87-94.

Boffey PM. 1987. Mosquitoes can carry AIDS virus but not pass it on, study says. The New York Times. Published July.

Boorman JPT. 1960. Observations on the feeding habits of the mosquito *Aëdes* (*Stegomyia*) *aegypti* (Linnaeus): The loss of fluid after a blood-meal and the amount of blood taken during feeding. Ann Trop Med Parasit. 54: 8-14.

Brett GA. 1938. On the relative attractiveness to *Aedes aegypti* of certain coloured cloths. Trans R Soc Trop Med Hyg. 32: 113-124.

Brighenti D. 1930. Ricerche sulla attrazione esercitata dai calori sugli anofeli. Riv Malariol 9: 1.

Brogdon WG. 1994. Measurement of flight tone differences between female *Aedes aegypti* and *A. albopictus* (Dipter:Culicidae). J Med Entomol. 31(5): 700-703.

Brown AWA. 2009. Studies on the responses of the female Aedes mosquito. Part VI.-The attractiveness of coloured cloths to Canadian species. Bull Entomol Res. 45(1): 67-78.

Buxton PA. 1935. Change in the composition of adult *Culex pipiens* during hibernation. 27(2): 263-265. (abstract paper only)

Byrne K, Nichols RA. 1999. *Culex pipiens* in London underground tunnels: differentiation between surface and subterranean populations. Heredity. 82: 7-15.

Centers for Disease Control and Prevention (CDC) NIOSH. Mosquito-Borne Disease. Other Mosquito-Borne Disease. https:www.cdc.gov/niosh/topics/outdoor/mosquito-borne/other.htlm

Centers for Disease Control and Prevention (CDC). Mosquito Life-Cycle. https ://www.cdc.gov/ dengue/entomologyecology/m_lifecycle.html

Charlwood JD, Paru R, Dagora H, Lagog M. 1986. Influence of moonlight and gonotrophic age on biting activity of *Anopheles farauti* (Diptera: Culicidae) from Papua New Guinea. J Med Entomol. 23(2): 132-135.

Charlwood JD, Thompson R, Madsen H. 2003. Observations on the swarming and mating behaviour of *Anopheles funestus* from southern Mozambique. Malaria Journal. 2:2.

Cho SH, Lee HW, Shin E-H, Lee HI, Lee WG, Kim CH, Kim JT, Lee JS, Lee WJ, Jung GG, Kim TS. A mark-release-recapture experiment with *Anopheles sinensis* in the northern part of Gyeongg–do, Korea. Kor J Parasitol. 40(3): 139-148.

Christophers SR. 1960. AËDES AEGYPTI (L.) THE YELLOW FEVER MOSQUITO. ITS LIFE HISTORY, BIONOMICS AND STRUCTURE. (a) SPEED AND RANGE OF FLIGHT. 515~516.

Clements AN. 1963. The Physiology of Mosquitoes. Pergamon Press, Oxford, 393 pp.

Clements AN. 1992. The biology of mosquitoes. Vol. 1 Development, Nutrition and Reproduction. 4. Larval feeding. 74-99.

de Freitas JR, da Siverira Guedes A. 1961. Determination by radioactive iron (^{59}Fe) of the amount of blood ingested by insects. Bull World Hlth Org. 25: 271-273.

Depinary N, Hacini F, Beghdadi W, Peronet R, Mecheri S. 2006. Immune responses by mosquito bites.The Journal of Immunology. 176: 4141-4146. (abstract paper only)

Depner KR, Harwood RF. 1966. Photoperiodic responses of two latitudinally diverse groups of *Anopheles freeborni* (Diptera: Culicidae). Ann Entomol Soc Amer. 59(1): 7-11. (abstract paper only)

Fernandez-Grándon GM, Gezan SA, Lrmour JAL, Pickett JA, Logan JG. 2015. Heritability of attractiveness to mosquitoes. PLoS one. 10(4): e0122716. doi.

Fradin MS. 1998. Mosquitoes and mosquito repellents: A clinician's guide. Ann Internal Med. 128(11): 931-943.

Gjullin CM. 1947. Effect of clothing color on the rate of attack of *Aëdes* mosquitoes. J Econ Entomol. 40(3): 326-327.

Hahn DA, Denlinger DL. 2007. Meeting the energetic demands of insect diapause: Nurtrent storage and utilization. J Insect Physiology. doi: 10.1016/j.jinsphys.2007.03.018.

Hao H, Sun J, Dai J. 2013. Dose-dependent behavioral response of the mosquito *Aedes albopictus* to floral odorous compounds. Journal of Insect Science. 13: 127.

Harbach RE, Greenwalt D. 2012. Two Eocene species of *Culiseta* (Diptera: Culicidae) from the Kishenehn Formation in Montana. Zootaxa. 3530: 25-34.

Himeidan YE, Elbashir MI, Adam I. 2004. Attractiveness of pregnant women to the malaria vector, *Anopheles arabiensis*, in Sudan. Ann Tropic Med Parasitol. 98(6): 631-633.

Iqbal MM. 1999. Can we get AIDS from mosquito bites? J La State Med Soc. 151(8): 429-33.

Jeffery GM. 1956. Blood meal volume in *Anopheles quadrimaculatus, A. albimanus* and *Aedes aegypti*. Experimental Parasitol. 5(4): 371-375. (abstract paper only)

Kappus KD, Venard CE. 1967. The effects of photoperiod and temperature on the induction of diapause in *Aedes trseriatus* (Say). J Insect Physiology. 13(7): 1007-1019. (abstract paper only)

Kim HC, Sames WJ, Chong ST, Lee IY, Lee DK, Kim HD, Rueda LM, Klein TA. Overwintering of *Anopheles lindesayi japonicus* larvae in the Republic of Korea. 2009. J Amer Mosq Control Assoc. 25(1): 32-37.

Knols BGJ, Jong RD. 1996. Limburger cheese as an attractant for the malaria mosquito *Anopheles gambiae s.s.* Parasitology Today. 12(4): 159-160.

Ko R. 1925. On the color-preferences of mosquitoes. Journal of the Formosan Medical Society 244, Taihoku. Formosa. (In Japanese. Abstract in Review of Applied Entomology B 13:158. 1925).

Konishi E. 1989. Size of blood meals of *Aedes albopictus* and *Culex tritaeniorhynchus* (Diptera: Culicidae) feeding on an unrestrained dog infected with *Dirofilaria immitis* (Spirurida: Filariidae). J Med Entomol.26(6): 535-538. (abstract paper only)

Lahondère C, Lazzari CR. 2011. Mosquitoes cool down during blood feeding to avoid overheating. Curr Biol. 22(1): 40-45.

Lanciani CA, Anderson JF. 1993. Effect of photoperiod on longevity and metabolic rate in *Anopheles quadrimaculatus*. J Amer Mosq Control Assoc. 9(2): 158-163.

Lee HI, Seo BY, Shin E-H, Burkett DA, Lee WJ, Shin YH. 2006. Study of flying height of culicid species in the northern part of the Republic of Korea. J Am Mosq Cont Assoc. 22(2): 239-245.

Lee DK. 2000. Predation efficacy of the fish muddy loach, Misgurnus mizolepis, against Aedes and Culex mosquitoes in laboratory and small rice plots. J Am Mosq Control Assoc. 16(3): 258-261.

Lee DK, Kim SJ. 2001. Seasonal prevalence of mosquitoes and weather factors influencing population size of Anopheles sinensis (Diptera, Culicidae) in Busan, Korea. Kor J Entomol. 31(3): 183-188.

Lee W, Lee IY, Yong TS, Ree HI. 2008. Preliminary observation on the gradient distribution of hibernation females of *Anopheles sinensis* and *Anopheles pullus* in the Republic of Korea. J Am Mosq Control Assoc. 24(1): 121-122.

Lefèvre et al. 2010. Beer consumption increases human attractiveness to malaria mosquitoes. Plos one. 5(3) e9546.

Lindsay S, Ansell J, Selman C, Cox V, Hamilton K, Walraven G. 1972. Effect of pregnancy on exposure to malaria mosquitoes. Lancet. 2000: 355.

Macdonald WW, Traub R. 1960. An introduction to the ecology of the mosquitoes of the lowland dipterocarp forest of Selangor, Malaya. Stdy Inst Med Res F,M,S. no. 29, pp. 79-109.

Maruniak JE. 2014. Asian tiger mosquito. Featured Creatures. Gainesville, Florida: University of Florida. http://entnemdept.ufl.edu/creatures/aquatic/asian_tiger.htm

Mckenna RJ, Washino RK. 1970. Parity of fall-winter populations of *Anopheles freeborni* in the Sacramento valley, California. A preliminary report. Porc Pap Annu Conf Mosq Control Assoc. 38: 94-95. (abstract paper only)

Mishra AK, Curtis CF, Sharma VP. 1996. Influence of moonlight on light-trap catches of the malaria vector *Anopheles culicifacies* (Diptera: Culicidae) in central India. Bull Entomol Res. 86(4): 475-479.

Mosquito Taxonomic Inventory. http://mosquito-taxonomic-inventroy.info/

Mourya DT, Yadav P, Mishra AC. Effect of temperature stress on immature stages and susceptibility of *Aedes aegypti* mosquitoes to chikungunya virus. 2004. Am J Trop Med Hyg. 70(4): 346-350.

Nasci RS, Savage HM, White DJ, Miller JR, Cropp BC, Godsey MS, Kerst AJ, Bennett P, Gottfried K, Lanciotti RS. 2001. West nile virus in overwintering *Culex* mosquitoes, New York city, 2000. Emerging Infectious Diseases. 7(4): 1-3.

National Geographic Net Geo Site. Animal. Mosquitoes. http://www.nationalgeographic.com/animals/invertebrates/group/mosquitoes/

Nelems BM, Macedo PA, Kothera L, Savage HM, Reisen WK. 2013. Overwintering biology of *Culex* (Diptera: Culicidae) mosquitoes in the Sacrament valley of California. J Med Entomol. 50(4): 773-790.

Offenhauser Jr WH, Kahn MC. 1949. The sounds of disease-carrying mosquitoes. J Acoust Soc Am. 21(4): 259-263.

Ogawa K, Kanda T. 1986. Wingbeat frequencies of some anopheline mosquitoes of East Asia (Diptera: Culicidae). Appl Ent Zool 21(3): 430-435.

Ohtsuka E, Kawai S, Ichikawa T, Nojima H, Kitagawa K, Shirai Y, Kamimura K, Kuraishi Y. 2001. Roles of mast cells and histamine in mosquito bite-induced allergic itch-associated responses in mice. Japanese Journal of Pharmacology. 86: 97-105. (abstract paper only)

Peng Z, Li H, Simons FE. 1998. Immunoblot analysis of salivary allergens in 10 mosquito species with worldwide distribution and the human IgE responses to these allergens. J Allergy Clin Immunol. 101(4 Pt 1): 498-505.

Peng Z, Yang M, Simons FER. 1996. Immunologic mechanisms in mosquito allergy: correlation of skin reactions with specific IgE and IgG antibodies and lymphocyte proliferation response to mosquito antigens. Annals of Allergy, Asthma, & Immunology. 77: 238-244. (abstract paper only)

Phasomkusolsil S, Kim HC, Pantuwattana K, Tawong J, Khongtak W, Schuster AL, Klein TA. 2014.

Colonization and maintenance of *Anopheles kleini* and *Anopheles sinensis* from the Republic of Korea. J Am Mosq Control Assoc. 30(1): 1-6.

Pingen M, Bryden SR, Pondeville E, Schnettler E, Kohl A, Merits A, Fazakerley JK, Graham GJ, McKimmie CS. 2016. Host Inflammatory Response to Mosquito Bites Enhances the Severity of Arbovirus Infection. Immunity. 44: 1455-1469.

Ree HI, Hong HK, Lee JS, Wada Y, Lolivet P. 1978. Dispersal experiment on *Culex tritaeniorhynchus* in Korea. Kor J Zool. 21(2): 59-66.

Reisen WK, Meyer RP, Milby MM. 1986. Overwintering studies on *Culex tarsalis* (Diptera: Culicidae) in Kern county, California: Temporal changes in abundance and reproductive status with comparative observations on *C. qunquefasciatus* (Diptera: Culicidae). Ann Entomol Soc Amer. 79(4): 677-685. (abstract paper only)

Robinson GG. 1936. The mouthparts and their function in the female mosquitoes, *Anopheles maculipennis*. Parasitology 31: 212-242.

Roth LM. 1948. A study of mosquito behavior. An experimental laboratory study of the sexual behavior of *Aedes aegypti* (Linnaeus). Am Midland Naturalist. 40(2): 265-352.

Schaefer CH, Miura T, Wahino RK. 1971. Studies on the overwintering biology of natural populations of *Anopheles freeborni* and *Culex tarsalis* in California. Mosquito News. 31(2): 153-157.

Schaefer CH, Washino R. 1969. Change in the composition of lipids and fatty acids in adult Culex tarsalis and *Anopheles freeborni* during the overwintering period. J Insect Physiology. 15(3): 395-402. (abstract paper only)

Schaefer CH, Washino RK. 1974. Lipid contents of some overwintering adult mosquitoes collected from different parts of northern California. Mosquito News. 34(2): 207-210.

Shin EH, Lee WK, Chang KS, Song BG, Lee SK, Chei YM, Park C. 2013. Distribution of overwintering mosquitoes (Diptera: Culicidae) in grassy fields in the Republic of Korea. Entomological Research. 43: 353-357.

Shirai Y, Funada H, Takizawa H, Seik T, Morohashi M, Kamimura K. 2004. Landing preference of *Aedes albopictus* (Diptera: Culicidae) on human skin among ABO blood groups, secretors of nonsecretors, and ABH antigens. J Med Entomol. 41(4): 796-799.

Shirai Y, Tsuda T, Kitagawa S, Naitoh K, Seki T, Kamimura K, Morohashi M. 2002. Alcohol ingestion stimulates mosquito attraction. Am Mosq Cont Asso 18(2): 91-96.

Slaff ME, Crans WJ. 1977. Parous rates of overwintering *Culex pipiens pipiens* in New Jersey. Mosquito News. 37(1): 11-14.

Sotavalta O. 1947. The flight-tone (wing-stroke frequency) of insects. Acta Entomol Fenn. 4:111-117.

Squad of Greater St. Louis. ALLERGY INFO. To understand allergic reactions to mosquitoes, it is important to understand the process of a "mosquito bite."Mosquito Bite Treatment. http://stlmosuitocontro.com/fact/mosquitos/allergy-info/

Steib BM, Geier M, Boeckh J. 2001. The effect of lactic acid on odour-related host preference of yellow fever mosquitoes. Chem Senses. 26: 523-528.

Tanaka K, Mizusawa K, Saugstad ES. A revision of the adult and larval mosquitoes of Japan (Including the Ryukyu archipelago and the Ogasawara islands) and Korea) 1979. Cont Amer Entomol Inst. 16. 987 pp.

The Physics Factbook. 239. An cyclopedia of scientific assays. Facts. 239. Frequency of mosquito wings. http://hypertextbook.com/facts/2000/DianaLeung.shtml

The World's Deadliest Animals. Posted on April 30, 2014 by KeebleCare (Jon) http://www. keeblecare.co.uk/wp-content/uploads/2014/04/Deadliest-Animals.jpg

Tischner H, Schief A. Fluggeräusch und Schallwahrnehmug bei *Aedes aegypti* L. Zoo Anz suppl. 18, 453-460.

United States Environmental Protection Agency (EPA). Mosquito life cycle. http:www.epa.gov. mosquitocontrol/mosquito-life-cycle

van Breugel F, Riffell J, Fairhall A, Dickinson MH. 2015. Mosquitoes use vision to associate odor plumes with thermal targents. Current Bilolgy. 25: 2123-2129.

Verhulst NO, Beijleveld H, Qiu YT, Maliepaard C, Verduyn W, Haasnoot GW, Claas FHJ. Mumm R, Bouwmeester HJ, Takken W, van Loon JJA, Smallegange RC. 2013. Relation between HLA genes, human skin volatiles and attractiveness of humans ot malaria mosquitoes. Infectin, Genetics and Evolution. 18: 87-93.

Vogel R. Kritische und erganzende Mitteilungen zur Anatomie des Stechapparats der culiciden und tabaniden. 1921. Zool Jb. 42: 259-282.

Wang G, Li C, Guo X, Xing D, Dong Y, Wang Z, Zhang Y, Liu M, Zheng Z, Zhang H, Zhu X, Wu Z, Zhao T. 2012. Identifying the Main Mosquito Species in China Based on DNA Barcoding. PLos ONE. 7(10): e47051.

Washino RK, Gieke PA, Schaefer CH. 1971. Physiological changes in the overwintering females of *Anopheles freeborni* (Diptera: Culicidae) in California. J Med Ent 8(3): 279-282.

Washino RK. 1969. Physiological condition of overwintering female *Anopheles freeborni* in California (Diptera: Culicidae). Ann Entomol Soc Amer. 63(1): 210-216. (abstract paper only)

Washizuka Y. 1974. Analysis of the wing beat of insects. Jap Appl Entomol Zool. 18(3): 99-105.

Westby KM, Juliano. 2015. Simulated seasonal photoperiods and fluctuating temperatures have limited effects on blood feeding and life history in *Aedes triseriatus* (Diptera: Culicidae). J Med Entomol 52(5): 896-906.

Wikipedia. Hummingbird. https://en.wikipedia.org/wiki/Hummingbird

Wikipedia. Mosquito. Adult. https://en.wikipedia.org/wiki/Mosquito

Wikipedia. Mosquito. Eggs and oviposition. https://en.wikipedia.org/wiki/Mosquito

Wikipedia. Mosquito. Feeding by adults. https://en.wikipedia.org/wiki/Mosquito

Wikipedia. Mosquito. Hosts of blood-feeding mosquito species. https://en.wikipedia.org/wiki/ Mosquito

Wikipedia. Mosquito. https://en.wikipedia.org/wiki/Mosquito

Wikipedia. Mosquito. Lifecycle. https://en.wikipedia.org/wiki/Mosquito

Wikipedia. Mosquito. Species. https://en.wikipedia.org/wiki/Mosquito

Wikipedia. Mosquito. Taxonomy and evolution. https://en.wikipedia.org/wiki/Mosquito.

Wishart G, Riordan DF. 1959. Flight responses to various sounds by adult males of *Aedes aegypti* (L.) (Diptera: Culicidae) Can Entomol. 91: 181–191.

World book. 1989. Mosquito. Chicago. 835 p.